变电站
电磁兼容与接地技术

Electromagnetic Compatibility and Grounding Technology of Substation

宋永佳劳模工作室　组编

温才权　主编

中国电力出版社
CHINA ELECTRIC POWER PRESS

内 容 提 要

全书分为5章，分别为电磁兼容与接地的基本概念、变电站二次设备及二次回路、骚扰源及其特征、耦合机理及减缓措施、变电站接地技术。为变电站电磁兼容与接地技术在变电工程中的应用提供了重要参考。

本书可为从事变电站二次设备运行、检修、试验、研究、培训及管理工作的相关人员提供参考，也可供高等院校相关专业师生阅读参考。

图书在版编目（CIP）数据

变电站电磁兼容与接地技术 / 宋永佳劳模工作室组编；温才权主编．—北京：中国电力出版社，2022.11

ISBN 978-7-5198-7029-4

Ⅰ．①变… Ⅱ．①宋…②温… Ⅲ．①变电所－电磁兼容性②变电所－接地保护 Ⅳ．① TM63

中国版本图书馆CIP数据核字（2022）第161177号

出版发行：中国电力出版社
地　　址：北京市东城区北京站西街19号（邮政编码100005）
网　　址：http://www.cepp.sgcc.com.cn
责任编辑：匡　野
责任校对：黄　蓓　马　宁
装帧设计：赵丽媛
责任印制：石　雷

印　　刷：望都天宇星书刊印刷有限公司
版　　次：2022年11月第一版
印　　次：2022年11月北京第一次印刷
开　　本：787毫米×1092毫米　16开本
印　　张：9.75
字　　数：202千字
印　　数：0001—1000册
定　　价：50.00元

编　委　会

主　　编　温才权

副 主 编　宋永佳　刘洪顺　刘英男

参编人员（按姓氏笔画排序）

于大洋　韦　鑫　卢亦韬　全杰雄　刘　炜

闫茂华　阳少军　杨　杰　杨　拯　李　宁

李亚锦　吴志宇　张志源　张国新　张婉莹

陈　飞　林瀚良　徐玉凤　黄叙银

前　言

目前，对于变电站的干扰问题的研究已有很多，主要是从变电站电磁兼容方面展开的，在变电站电磁兼容方面最具代表性的是美国电力科学研究院(EPRI)自 1978 年开展的以变电站电磁暂态为课题的专项研究工作，他们分别对 115~ 500kV 不同电压等级的变电站进行开关设备分合操作、一次系统短路故障、雷击等试验，并对波形进行测量及比较。1997 年、2013 年国际大电网会议连续发布了两个版本的变电站电磁兼容导则。中国电力企业联合会 2020 年首次发布了 T/CEC 245—2019《变电站继电保护接地技术规范》，对二次设备接地技术的发展起到了较大的推进作用。但现场运维人员和设计人员对电磁兼容知识还存在较大的欠缺，和国际大电网组织推荐的做法还存在差异。

最近几年电磁兼容问题日益突出，已多次出现原因不明的保护误动，二次设备接地技术已成为现场运维人员的工作难点，而由于标准不统一，设计、施工、运维人员工作方式不同，现场实施存在一定困难。

因此有必要针对国内外电磁兼容标准、接地的技术细节进行专题的讨论。通过现场试验及理论研究，让设计、施工、运维人员对不同的接地方式有直观、清晰的了解，从而推广电磁兼容技术在基层单位、现场的落地。

本书基于超高压变电站的二次设计和运行经验，概述变电站二次系统、变电站电磁兼容试验标准、变电站接地技术、通过仿真建模介绍干扰对变电站直流系统及接地影响、针对仿真建模结果提出变电站二次回路优化设计方案。本书共分为 5 章：第 1 章概述电磁兼容与接地的基本概念；第 2 章介绍变电站二次设备及二次回路；第 3 章分析骚扰源及其特征；第 4 章介绍耦合机理及减缓措施；第 5 章介绍变电站接地技术。

在本书的编写过程中，相关专家和作者参阅大量文献，认真总结归纳，终成此书，在此一并表示感谢。由于编者水平有限，不足之处在所难免，敬请读者指正。

编　者

2022.8

目　录

第 1 章　电磁兼容与接地的基本概念

电磁骚扰是环境污染的一种形式，它是继水质污染、大气污染和噪声污染之后，被世界公认的第四大污染。电磁污染是随着电气化水平的不断提高而产生的一种环境问题。现代社会离不开电与磁，电磁以各种形式无孔不入地渗透到生活的各个领域。

随着科学技术的发展和人们生活水平不断提高，对电磁环境的要求越来越高。然而事物往往是在矛盾中发展的。人们在改善电磁环境的同时，又在不断地制造着新的骚扰源。目前，在有限的时间、空间及有限的频谱资源条件下，各种电气及电子设备的数量迅速增加，而家用电器的运用，更使这些设备遍及千家万户，用电设备密集程度越来越大，这就给电磁环境的治理增加了难度。它不仅要求人们深入地研究电磁骚扰的规律，从而有效地抑制骚扰，提高电气设备的抗骚扰能力，而且要加强管理，制定相应的措施，以便使各种电气设备之间达到协调的工作状态。因此，电磁兼容（Electromagnetic Compatibility，EMC）领域的研究迅速发展了起来。

1.1　电磁兼容历史背景

国外对电力系统电磁环境和电磁干扰问题的研究始于 1960 年左右，特别是 1970 年以后由于研究方法取得了很大进步，设备的制造也有了较大的进步，并由定性研究逐步转为定量研究。在变电站电磁干扰的定量测量和分析方面，最突出和最具成效的是美国电力研究院。从 1978 年开展的专项研究工作——变电站电磁暂态课题，全部工作分两个阶段完成，前后共历时十余年。

国际上，电磁兼容迅速发展，经历了从“路”到“场”、从低频到高频、从狭义的电磁干扰到广义的电磁兼容。EMC 的研究，已从电力行业、通信行业、IT 行业发展到其他相关行业。欧美发达国家对电磁影响的本质和传播途径、差模及共模干扰、干扰源及其分类、窄频干扰、间歇性的宽带干扰、瞬态干扰、雷电电磁脉冲、核电磁脉冲、环境等级、耦合机理与防护措施、电磁屏蔽理论、电磁兼容的敏感性测量技术、典型电磁兼容问题、电磁兼容标准进行了大量的研究，建立了若干个抗干扰研究机构，如 CISPR（国际无线电干扰特别委员会）进行了大量的 EMC 课题研究。另外，CIGRE（国际大电网会议）、CCITT（国际电报电话咨询委员会）和 IEE-EMC（跨国电气电子工程师学会电磁兼容专业委员会）等定期召开学术会议进行学术交流对 EMC 领域中的各个层面进行研究，对大家共同关心的问题（如 EMC 标准、测量技术、电缆与接地、过电压保护、设备电磁兼容、发电厂和变电站电磁兼容、雷电、静电感应、生态效应等）进行了大量的研究，取得了许多成果。国内科研院所、大专院校对电磁兼容问题进行过大量的研究，武汉高压研究院和中国电力科学研究院建设了具有世界水平的电磁兼容研究室，对电磁兼容建立了相应的行业标准和国家标准，对电磁兼容也进行了系统的理论研究和实际应用研究。如对电力系统谐波效应及谐波抑制、谐波标准、变电站暂态干扰、高频辐射干扰、静电干扰、电磁干扰及防护、干扰信号的测量和试验开展了系统的研究。各微机保护和综合自动化系统的生产厂家和科研机构对产品的抗干扰措施进行了研究，如硬件系统的滤波、光隔等，软件系统的看门狗、容错技术以及不间断电源等，使计算机系统的抗干扰水平有了很大的提高。这些具体产品的抗干扰措施虽然有较大发展，特别是制定了一系列的电磁兼容标准和试验检测方法，但是由于电磁兼容问题属于边缘科学，人们对电磁兼容是一个逐步认识过程，至今还有许多方面没有为人们所认识，有些已得出的结论也可能是错误的。例如，由于计算机技术的高速发展与普及，在计算机各种抗干扰措施的研究上，特别是在雷电干扰、地电位干扰以及高次谐波干扰的防护上存在不足和漏洞；在某些干扰模型的建立和计算上也存在一些问题，特别是在大电流接地短路状态下的地电位干扰、地电位的干扰方式、屏蔽电缆的接地方式、杂散电容的耦合方式和雷电对计算机监控系统影响的研究上；电力系统计算机监控系统的抗干扰措施的研究上存在着不足，以至于在电力系统微机保护、综合自动化和通信设备运行时由于受到各种干扰的影响，误动、拒动和错动的情况时有发生，有时甚至造成元器件损坏对电力系统的安全稳定运行构成了极大影响。

1.2 电力系统电磁兼容与接地技术研究的目的及意义

目前，发电厂、变电站的各类保护和控制系统均为计算机控制的综合自动化系统，这与传统的保护和控制装置相比，是一次技术革命。但是计算机综合自动化系统现在面临的是各种干扰的问题。因为计算机综合自动化系统在运行中面对的是非常复杂的高电压、强电场电磁环境，既有大电流造成的磁场干扰，又有高压设备造成的电场干扰。例如，有大电流流经接地装置时由地电位差引起的地电位干扰，电网中一些非线性铁磁元件和整流设备产生的谐波干扰，还有在雷击时由雷电过电压产生的雷电过电压干扰、雷电过电流干扰，静电干扰，电网中断路器操作产生电弧重燃和过渡过程干扰以及电网中各种内过电压干扰。而微机保护和综合自动化系统的计算机则比较脆弱，对干扰具有敏感性。这些干扰会对计算机监控设备的取样回路、控制回路、电源和通信回路造成影响。如果某一环节出现问题，这些干扰就会对综合自动化系统造成较大的危害，比如会使逻辑混乱、计算机死机、芯片损坏、保护“失灵”等，严重时会危及发电机、变压器等一些主设备。近几年，由各类干扰造成微机保护或综合自动化系统“失灵”的事故多次出现，有的还发展成主设备烧毁事故。国内外曾多次发生在雷击时或在厂、站内接地短路时微机保护误动或死机，使事故扩大烧毁主设备或发展为“火烧连营”的事故。事后分析其原因：大都是因微机保护或综合自动化系统受到干扰造成的；由微机控制的机电一体化设备、自动设备受到干扰而使控制失效的事例也时有发生。以上发生的问题，不能不让人担忧。因而对变电站微机保护、综合自动化等二次系统的干扰源和抗干扰措施进行研究，通过研究找出现有抗干扰措施上的不足、找出改进和完善的措施，从而提高微机保护综合自动化系统和调度自动化系统的抗干扰水平，对确保电网的安全稳定运行有着非常重要的现实意义。

对于变电站微机保护、综合自动化等二次系统可能出现的雷电干扰、地电位干扰等，应研究这些干扰出现的形式、幅值和对微机保护、综合自动化装置的危害，重点在于找出防止干扰的措施，以保证微机保护和综合自动化系统的安全运行，这对保证发电厂、变电站计算机监控系统的安全稳定运行具有较好的现实意义和实际应用价值。

电力系统电磁兼容研究的主要目的和目标：对变电站微机保护、综合自动化等二次系统存在的谐波干扰、地电位干扰和雷电干扰进行深入的研究，对电力系统异常运行状态下、事故状态下所产生的干扰及干扰对计算机监控系统的影响进行研究，通过计算机仿真试验和各种模拟试验的手段，找出干扰的途径、方法和干扰的结果；建立雷电干扰、地电位干扰和谐波干扰的数学模型和物理模型，找出干扰的频域、耦合方式和危害；通过实验室和现场实验进行各主要干扰的理论研究和现场研究，找出抗干扰的措施，对目前变电站微机保护、综合自动化等二次系统所采用的抗干扰措施进行分析、试验和研究，对高电压设备的电场干扰、大电流所产生的磁场干扰进行研究，对电容耦合、电感耦合和阻抗耦合进行分析，对屏蔽电缆的各种接地方式及其对计算机监控设备的影响进行试验研究，找出在不同使用场所正确的接地方式，找出变电站微机保护、综合自动化等二次系统在抗干扰上存在的薄弱环节和不足以及相应的改进措施，从而防止微机保护、综合自动化误动、拒动，保证电力系统的安全稳定运行。以下为地网引起的电磁兼容的部分案例。

（1）1994 年 1 月 1 日，四川华蓥山发电厂发生污闪，因变压器中性点接地不良，发生发电机、变压器严重烧坏的重大事故，损失十分严重。

（2）接地网本身缺陷引起异常升高的地电位串入二次设备引起事故扩大。更普遍的情况是，由于发电厂、变电站接地网存在先天不良、不完整等缺陷，或者腐蚀等因素引起接地，导体热稳定性不足，接地网局部性能变坏，当系统发生接地故障短路时，短路电流造成接地网局部电位异常升高，蔓延到二次系统，进而引起站内二次设备损坏而扩大事故。典型案例如下。

1）1999 年 7 月 20 日，太原新店变电站发生特大全站停电事故，事故起因是 8023 插头柜三相短路的较小故障，但由于开关柜地线与主接地网未连接，造成开关柜出现异常高电位，形成反击过电压损坏了直流电源系统，造成直流电控制源失效而不能及时切除故障，导致了事故的扩大。事故造成一台 220kV 变压器（150MVA）烧毁，10kV 的 B 段配电设备主控室全部二次设备等严重烧损，并扩大到华北电网，致使部分发电厂共计10台发电机组发生相继跳闸的系统事故。

2）湖北潜江变电站地处高土壤电阻率地区，采用各种办法降低接地阻抗后，接地阻抗仍高达1.5Ω。1986年4月5日，该变电站35kV系统遭受雷击，由于线路故障引入变电站，35kV设备多处放电、燃烧，并发展为相间短路，接地网导体（ϕ8mm圆钢）热稳定不足而被烧断，引起局部接地网电位升，高电位窜入二次系统，直流二次操作控制回路、保护装置电缆和通信电缆损坏，造成站用电源中断；35kV系统二次设备和通信载波机损坏，信号中断，造成110kV主变压器烧毁以及其他大量设备损坏，事故损失达3000万元。

3）江西分宜发电厂土壤电阻率较高，接地网接地阻抗为0.69Ω，开关场最大短路电流为8kA。1984年7月31日，在110kV倒闸运行操作中，Ⅰ母线GW4-110隔离开关B相头部断落，甩到Ⅱ母线同相隔离开关上，形成单相接地短路故障，短路电流6.8kA，地电位升达4.7kV，高压窜入电气和热工二次系统，引发全厂停电和50MW的6号汽轮机超速的严重事故，直接损失达1300万元。

4）1986年广西合山电厂由于接地网缺陷而引起接地事故，二次电缆端子排烧坏、二次设备烧毁，一台100MW的发电机损坏，最后导致全厂停电的重大事故，事故损失达2000万元。

5）1991年浙江电网一个110kV变电站发生了35kV开关站短路接地，由于接地网存在问题，使一次系统故障扩大到二次系统，造成全站失压，一、二次设备大量损坏。

6）1996年12月4日，山东烟台220kV福山变电站1号主变压器由于110kV侧中性点接地不良，在110kV幸山线A相TV（电压互感器）发生污闪时，大电流窜入二次系统，造成直流电源消失，保护拒动，引发全站停电事故，二次设备损坏严重。

7）1981年3月广州员村变电站员文线A、C相隔离开关同时损坏，部分接地网在相间短路中烧断，地电位升高，高压串入二次回路，引起10多条电缆击穿，并损坏一些保护装置和电能表等，1号主变压器绕组在事故中损坏。

8）1985～1986年间，湖北胡集、潜江和武钢3个220kV变电站因接地不良，变电站内弧光接地短路事故扩大为全站停电和设备严重损坏的事故。

（3）接地网布置不合理或存在缺陷导致雷电侵入条件下对二次设备的骚扰。

由于接地网设计不合理或存在缺陷，在雷击（雷直击站内避雷针或近区落雷引起的雷电波入侵）状态下，引发二次设备绝缘问题或对运行的骚扰。

电力网不但要承受工频短路电流，还会受到雷电流的冲击。在强雷电活动区域，随着电网的高速发展，变电站和出线数量大，大型变电站增多，受雷击的概率增大。近年来，发生多起变电站避雷针联合保护失效或存在雷电保护弱区，导致雷直击或绕击变电站，或者变电站近区落雷导致雷电波侵入变电站的事件。雷击变电站时，接地网只有有限面积起作用，加上我国接地网普遍选用钢材质，放大了雷击时接地网的地电位分布不均匀性，地电位差远大于工频短路的情形。雷电冲击对设备绝缘的影响，主要是雷电流通过接地网泄流造成较大的暂态地电位升，引起反击；另外，接地网上形成较大电位差又通过二次电缆耦合至二次系统，造成二次电缆的损坏或二次设备的误动、损坏等。此外，雷电流通过防雷装置的接地引下线入地时，会在周围空间产生强大的暂态电磁场，造成对发电厂、变电站内二次设备的干扰。

笔者通过调研，认为雷电引起二次设备故障的主要途径是雷电波侵入引起出线避雷器动作，雷电流进入接地网后，引发接地网电位差，或者通过变压器的耦合到低压电源网络出现较高幅值的过电压，进而对二次系统造成损坏。典型案例如下。

1）河南某电业局调度大楼在 1999 年的一次强雷电活动中，雷电损坏了调度自动化的电源模块和电话交换机的电源模块。

2）江西某 110kV 变电站在 2004 年的一次雷电活动中，综合自动化系统的电源模块被损坏。

3）福建某 35kV 变电站在 2005 年 5 月的一次雷电活动中，雷电损坏了微机保护的电源模块，以及值班室的电视机和墙壁电源插座。

4）1999 年 8 月，云南一座变电站因遭受雷击，引起 2 台监控计算机的通信插件损坏、主板烧坏，影响了站内微机五防的运行，致使站内监控系统瘫痪。

5）2003 年，昆明市一座变电站因雷击原因，引起 110kV 母线差动保护插件损坏，母线差动保护设备被迫停运超过 10h。

6）2010 年，吉安市某枢纽变电站因雷击原因引起光纤通信设备故障，直接影响 OPEN3000 系统的信号传输和公司办公系统的正常运行。

7）韶关 500kV 曲江变电站的计算机综合自动化系统雷害事故频发。2005 年 5 月 12 日和 2006 年 9 月 9 日分别发生了两起比较严重的雷电侵害事故，二次系统防雷改造后，2006 年又发生了雷害事故，由于变电站附近落雷，在通信和控制线路上产生了很高的感应过电压，并沿着线路传递至接在低压电网上的通信系统，通信接口处的浪涌保护器动作，将雷电感应过电压泄放入专用等电位连接铜网。由于该变电站二次系统等电位连接的铜缆采用一点接地方式，约有 200m 铜缆在雷电过电压冲击下的等效电感上产生反击过电压，加上浪涌保护器的残压，对通信系统进行反击，损坏通信 CAN 网，造成了此次事故。

2015 年南方某电厂在三天内连续发生两起 500kV 电流互感器（5031TA、5013TA）爆炸事件。检查发现 5031 断路器 B 相 TA 的故障原因为电流互感器底部末屏接地螺栓在现场交接试验后未紧固，导致产生悬浮电位放电，最终引起互感器爆燃。

2017 年 2 月 22 日，某电厂升压站 5022 电流互感器 A 相发生爆炸，爆燃过程中处于热备用状态的 5032 断路器发生三相偷合事件。2009 年该电厂发生近区雷击时，也发生过 500kV 断路器偷跳事件，后更换了大功率跳闸继电器以躲开控制回路的短时扰动，但事故源头始终未查清楚。对此，该电厂于 2016 年完成全厂二次等电位接地网改造，按反措要求与主接地网连接。该电厂位于高土壤电阻率地区，2016 年完成全厂接地网接地阻抗测试，结果为 0.38Ω，超过设计值（0.25Ω）。

1.3 电磁兼容的研究内容

电磁兼容性是研究电磁环境（指存在于给定场所的所有电磁现象的总和）的学科，又称为环境电磁学。按照国际电工委员会（IEC）的定义，电磁兼容性是指设备或系统在其电磁环境中能正常工作，且不对该环境中的任何事物构成不能承受的电磁骚扰的能力。根据这个定义可知 EMC 的主要研究对象是电磁骚扰（指任何可能引起装置、设备或系统性能降低或者对生物或非生物产生不良影响的电磁现象），即骚扰源的形成及其性质；骚扰的耦合和传输；敏感设备的响应特性和抗骚扰措施等。换句话说，电磁兼容是研究在有限的空间、有限的时间及有限的频谱资源条件下，各种用电设备（分系统、系统、广义的还包括生物体）可以共存并不致引起降级的一门科学。

电磁兼容所研究的场源频率范围，大致可分为六类：

（1）工频及音频骚扰（50Hz 及其较低次谐波分量），它包括输配电、电力牵引系统等；

（2）甚低频骚扰（30kHz 以下），它包括高压交、直流输电中的特高次谐波及电气铁道中的特高次谐波，雷电也可列在此范围内；

（3）载频骚扰（30～300kHz），例如载波通信；

（4）射频、视频骚扰（0.3～300MHz），工科医（ISM）设备、输电线电晕放电、高压设备和电力牵引系统的火花放电，以及内燃机、家用电器、电动机、照明电器等都在此范围之内；

（5）微波骚扰（0.3～300GHz），它包括特高频、超高频、极高频骚扰；

（6）核电磁脉冲骚扰，这种骚扰由直流直至千兆赫。

第 2 章　变电站二次设备及二次回路

变电站二次设备是指对一次设备的工作状况进行监视、测量、控制、保护、调节所必需的电气设备，如继电保护及自动装置、自动化监控系统等。通常还包括电流电压互感器的二次绕组引出线和站用直流系统。本章主要介绍了继电器、微机保护、直流电源和二次回路的工作原理和电磁兼容问题，帮助读者对变电站二次设备及二次回路的电磁兼容问题有一个清晰的认识。

2.1　继电器

2.1.1　继电器的工作原理和特性

继电器是一种电控制器件，是当输入量（激励量）的变化达到规定要求时，在电气输出电路中使被控量发生预定的阶跃变化的一种电器。它具有控制系统（输入回路）和被控制系统（输出回路）之间的互动关系。通常应用于自动化的控制电路中，它实际上是用小电流去控制大电流运作的一种“自动开关”。故在电路中起着自动调节、安全保护、转换电路等作用。

继电器由四部分构成，分别是线圈、磁路、反力弹簧和触点。线圈的用途是通电后，它能产生电磁吸力，带动磁路的衔铁吸合，并使得触点产生变位动作。磁路由铁芯、铁扼和衔铁构成，它的任务是为线圈产生的磁通建立磁路通道。在磁路中，最重要的是磁路气隙，它是衔铁和铁芯之间的一段空隙。线圈未通电时气隙为最大值，触点为初始态；线圈通电后，气隙为零，触点变位为动作态。反力弹簧的作用是为衔铁提供与动作方向相反的斥力，当线圈断电后它能帮助衔铁和触点复位。触点用于对外执行控制输出，它由动断触点和动合触点构成。线圈得电继电器吸合后，动断触点打开而动合触点闭合，线圈断电释放后，动断触点和动合触点均复位为初始状态。

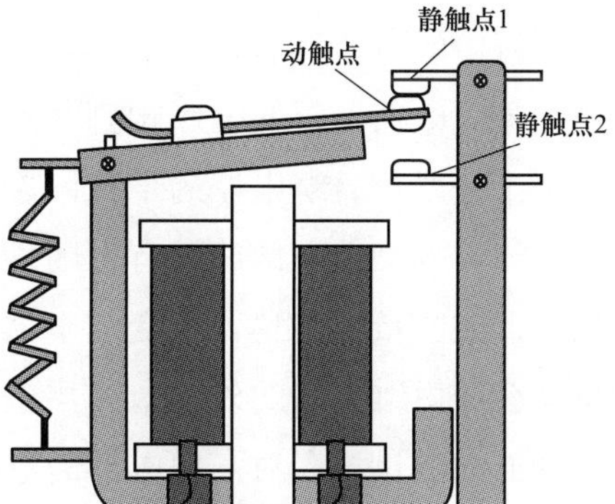

图 2-1　继电器的转换触点图

继电器的转换触点是继电器的一个动触点和两个静触点。其中动触点与静触点 1 处于闭合状态，称为动断触点，动触点与静触点 2 处于断开状态，称为动合触点，如图 2-1 所示。

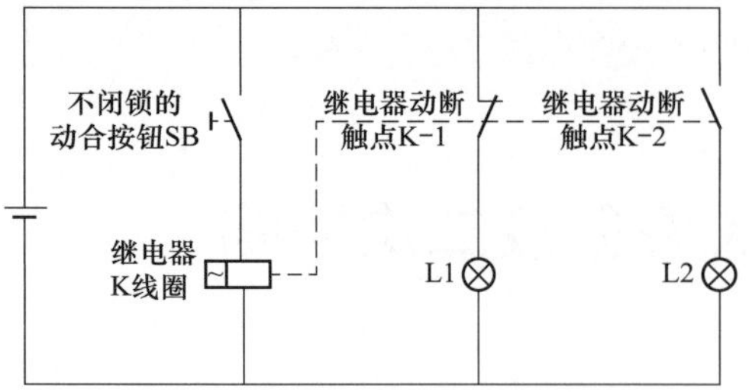

图 2-2　继电器的工作原理图

当线圈得电时，其动触点与静触点 1 立即断开并与静触点 2 闭合，切断静触点 1 控制线路，接通静触点 2 的控制线路。

当线圈失电时，动触点复位，即动触点与静触点 2 复位断开并与静触点 1 复位闭合，切断静触点 2 的控制线路接通静触点 1 的控制线路，如图 2-2 所示。

2.1.2　继电器电磁干扰分析

继电器在工作运行中，由于流经的电流和电压等会对电子控制系统产生一定的电磁波，这就会使得继电器也处于这种电磁波环境中，进而会出现干扰现象。继电器的干扰，从电子原理上来说，是一种电磁线圈的磁场改变效应。由于电磁波会形成继电器内部的电弧，电弧的波频较大，对继电器来说，影响的程度也较为明显。继电器由于内部构成较为特殊，在存在电流和电压的环境中，容易与周围磁场发生作用，当电磁继电器处于这种干扰中时，继电器的性能也会受到影响。继电器的电磁系统由磁铁、电磁感应线圈等构成。继电器连入电路中后，继电器装置会承担较大的电容。当继电器处于电磁磁场环境中时，如果干扰造成磁场形态的突然性改变，电磁波就会突增或者突减，而继电器上的运行电压也会骤然升高，或者突然降至无电压状态。由于继电器在电路运行中起到自动调节、安全保护、转换电路等作用，当继电器出现这种干扰现象时，也必然会直接影响到整个电路系统中设备的运行情况，执行电路逻辑计算的电子元器件也会出现差错，导致电路系统整体故障。

有些继电器应用中，综合考虑到成本和耐用性等因素，会采用工程塑料材料再进行继电器内部构件的生产加工。这种继电器具有很好的市场应用性，但同时也存在着较为明显的电磁干扰问题。工程塑料在电路应用过程中，长时间的电流和电压作用，会产生较大的热效应，受热后的继电器会形成静电的电荷，这些电荷游离于继电器各个构件的表面。继电器运行中的电荷具有积聚性质，如果电荷积聚过多，就会形成快速外放形态，造成电磁干扰现象。电荷不仅能够影响到线路的磁场波动，严重时还会出现击穿效应，对电路系统的危害十分严重。继电器的干扰问题，不仅是对继电器运行方面的影响，还包括了继电器对外界的影响。在一部分具有密闭性的继电器运行过程当中，由于电感线圈流经的电流和电压会形成能量的聚集，改变继电器的电容量。在继电器电容量达到一个极限后，多余的能量就会经由继电器的外部金属层进行释放，这种能量释放在环境中主要以能量波形态存在，释放的能量波会对其他电器的电磁场造成干扰。

2.1.3　继电器电磁干扰案例

电磁继电器作为一种电感性激励的电子元件，既是一个产生电磁干扰的电磁能量源，同时又是对电磁干扰能量产生响应的接受器。当电流通过或切断时，它都能产生电磁干扰，对系统及其自身的性能都会产生影响。虽然在设计时已经考虑了继电器电磁干扰和电磁兼容性方面的影响，但是受到现场安装和实际环境的影响，仍然存在电磁干扰方面的问题，甚至导致非常严重的安全事故。

例如，某核电厂 380V/220V 低压配电系统接地形式采用 TN-S 系统，使用了大量剩余电流继电器用于 75～220kW 低压电动机保护。其中，常规岛电动机保护使用的是 A 型电子式剩余电流继电器，核岛电动机保护使用的是 A 型电磁式剩余电流继电器，主要用于检测主回路的不平衡电流，在不平稳电流达到设定值时发出动作指令，与接触器配合使用可快速切断故障线路，并发出报警信号。该剩余电流动作继电器能快速识别绝缘故障，提高配电网的运行能力，预防意外供电中断及其导致的损失。

2015 年 12 月 26 日，某机组核岛通道自动喷淋水消防系统稳压水泵电动机启动失败，检查为开关柜抽屉内剩余电流继电器动作。此前已数次启动失败，每次将剩余电流继电器复位后，报警消除。对剩余电流继电器进行检验未见异常，电机本体和线路检查也没有发现异常。

开关柜内采用德国 SCHUPA 生产的 A 型电磁式剩余电流继电器，型号为 NPFI-ST-S/1.0，配套的剩余电流互感器型号为 PWX-S-105/1.0，额定值为 1A。开关柜内的一次电缆弯曲处紧靠剩余电流继电器，而该电动机的额定功率为 160kW，额定电流为 280A。当电动机启动时，启动电流达 2400A，电缆与继电器本体和回路之间相互耦合，电路之间的电位差发生变动。当剩余电流继电器回路中产生的感应电压大于额定值后，导致剩余电流继电器误动作。

针对以上案例，究其原因是布线不当带来的继电器受电磁干扰的问题，即没有切断电磁干扰耦合途径，保证线间隔离和足够距离。电缆有电流通过就会产生磁场，电流越大则产生的磁场也就越大，导致电缆周围的继电器受电磁干扰的强度越大，最终造成了继电器的误动作。

一般来说，电磁干扰是难以消除的，但可以采取各种措施，如冗余设计、容差设计等可靠性设计技术，把干扰抑制到不会对设备、系统工作造成影响，对周围电磁环境造成污染的程度。对于电磁继电器产生或接受的电磁干扰，由于其场的状态与频率各不相同，所以抑制的方法也不相同，一方面可在电磁继电器本身采取，另一方面则需要在使用电磁继电器的电子装置上设计。最基本的抑制措施可采用阻尼、屏蔽、滤波、去耦、接地及搭接和系统软件抗干扰等技术，最好采用几种不同的方法组合来予以解决。

2.1.4　继电器反事故措施要求

（1）直流电压在 110V 及以上的中间继电器一般应有符合下列要求的消弧回路：不得在它的控制触点上并接电容、电阻回路实现消弧；用电容或反向二极管并在中间继电器线圈上作消弧回路，在电容及二极管上都必须串入数百欧的低值电阻，以防止电容或二极管短路时将中间继电器线圈回路短接。消弧回路应直接并在继电器线圈的端子上；选用的消弧回路所用反向二极管，其反向击穿电压不宜低于1000V，绝不允许低于600V；注意因并联消弧回路而引起中间继电器返回延时对相关控制回路的影响。

（2）跳闸出口继电器的起动电压在直流额定电压的55%～70%之间。对于动作功率较大的中间继电器（例如5W以上），如为快速动作的需要，则允许动作电压略低于额定电压的50%，此时必须保证继电器线圈的接线端子有足够的绝缘强度。由变压器、电抗器气体保护动作的中间继电器，因连线长，电缆电容大，为避免电源正极接地误动作，应采用较大起动功率的中间继电器（不小于5W），但不要求快速动作。

（3）断路器或隔离开关电气闭锁回路不应设重动继电器类元器件，应直接用断路器或隔离开关的辅助触点；操作断路器或隔离开关时，应确保待操作断路器或隔离开关位置正确，并以现场实际状态为准。

（4）变压器本体保护应加强防雨、防震措施，户外布置的压力释放阀、气体继电器和油流速动继电器应加装防雨罩。

（5）变压器本体保护宜采用就地跳闸方式，即将变压器本体保护通过较大启动功率中间继电器的两对触点分别直接接入断路器的两个跳闸回路，减少电缆迂回带来的直流接地、对微机保护引入干扰和二次回路断线等不可靠因素。

（6）水喷淋动作功率应大于8W，其动作逻辑关系应满足变压器超温保护与变压器断路器跳闸同时动作。

（7）断路器安装后必须对其二次回路中的防跳继电器、非全相继电器进行传动，并保证在模拟手合于故障条件下断路器不会发生跳跃现象。

（8）对经长电缆跳闸的回路，应采取防止长电缆分布电容影响和防止出口继电器误动的措施。在运行和检修中应严格执行有关规程、规定及反事故措施，严格防止交流电压、电流串入直流回路。

（9）汽轮机紧急跳闸系统跳机继电器应设计为失电动作，手操设备本身要有防止误操作、动作不可靠的措施。

（10）针对与断路器跳合闸线圈和控制器相连的继电器，电流型继电器的启动电流值不大于0.5倍额定电流值；电压型继电器的启动电压值不大于0.7倍额定电压值，且不小于0.55倍额定电压值。

1）触点性能应符合下列要求。

a. 机械耐久性：接通不小于1000次，断开不小于1000次，不带负载触点不小于10000次。

b. 接通容量：当L/R=0ms，不小于1000W。

c. 通过电流——连续电流：不小于5A；——短时电流：持续200ms，不小于30A；短时电流：额定工作周期应为：接通200ms，断开15s。

d. 最大断开容量：当 $L/R=40$ 时，不小于 30W。

2）装置的介质强度应满足以下要求：

a. 同一组触点断开时，能承受工频电压 1000V，时间 1min；

b. 触点与线圈之间，能承受工频电压 2000V，时间 1min。

（11）针对其他继电器，跳闸信号继电器应采用磁保持或机械保持的双稳态继电器；使用外部操作电源的电压型继电器的启动电压值不大于 0.7 倍额定电压值。

2.2　微机保护

2.2.1　变电站微机保护介绍

变电站微机保护综合自动化系统是以计算机技术为基础，将测量、监控、继电保护等功能综合在一起，构成一个资源和信息共享的全微机化的变电站的二次系统。它改变了传统变配电站的控制屏、保护屏、中央信号屏、集控台等主体结构和值班维护方式，实现了微机保护加“三遥”（遥测、遥信、遥控）和无人值班，符合电网管理和安全运行要求，在减人增效、提高变电部门的劳动生产率、降低建设和生产成本方面有着明显的经济效益。

（1）电压输入量。电力系统大量选用的电压互感器有电磁式电压互感器和电容式电压互感器两种，近期也有电子式电压互感。

（2）开入量输入、输出回路说明。

1）对装置开关量输入的要求如下：

a. 装置中所有开入回路的直流电源应与装置内部电源隔离；

b. 强电开入回路的启动电压值不应大于 0.7 倍额定电压值，且不应小于 0.55 倍额定电压值；

c. 装置中所有涉及直接跳闸的强电开入回路的启动功率不应低于 5W。

2）开关量触点输出的性能应满足 GB/T 21711.1—2008《基础机电继电器　第 1 部分：总则与安全要求》的要求。制造商应提供下列信息：

a. 机械和电气耐久性（空载和有载）；

b. 极限接通容量；

c. 连续和短时通过触点电流；

d. 极限断开容量，直流电阻和电感负载、交流电阻和电感负载；

e. 触点电压；

f. 接触电阻。

2.2.2　微机保护常用元器件光耦的介绍

微机保护装置的开入回路多采用光电隔离器件或者继电器，利用光耦器件将源信号转

换为 V_0 信号。开入量可采用 24、48、110、220V 电源供电，开入量 V_0 信号一般直接进入 CPU 插件。开关呈输入回路很难通过抗干扰试验，即便在试验室通过抗干扰试验，在现场运行中也常出现误动作的情况，因此要采取一系列措施。

（1）光耦的瞬态饱和现象。在试验室，对不同厂家微机保护的电源端口、交流电压、电流、开关量输入等端口施加瞬变扰动时，即使开入触点未闭合，其光耦输出也会出现 40～60μs 的电压跌落（输出），这种现象称为瞬态饱和。由于瞬变扰动是周期性出现的，光耦器件也随瞬变而产生周期跌落。

（2）光耦瞬态饱和现象对保护的影响。光耦瞬态饱和现象使开关量输出错误、接收命令及报文出错、面板误指示，甚至造成保护误动或拒动。产生的原因是光耦器件感受到瞬变扰动信号过强，或者受光耦一次与二次三极管基极之间电容的影响，还有逻辑地对大地的电容影响。要解决这种干扰，要从硬、软件两方面入手寻找解决方法。

（3）解决瞬态饱和影响的方法。从硬件方面来讲，要慎重选取光耦型号。尽量选取速度较慢、驱动电流较大、一次和二次杂散电容值小的光耦器件。输入端的工作电源，尽量选择不受或少受干扰的电源，输入端的动作电压和返回电压要合理。设计印制电路板时，一定要建立光耦器件是一个敏感器件的概念，做好抗干扰的各项措施。

从软件上来讲，可依靠软件延时，连续多次读取开关量输入信号，确认开关量状态是正确的，以补充硬件的不足。因为干扰是非持续的，可用软件编程躲过瞬变扰动对数字系统的影响。对没有时间限制的开关量输入信号，最简单实用的方法是靠延时来躲过 15ms 的瞬变脉冲。

2.2.3 微机保护电磁兼容检验

电磁兼容检验（包括电磁传导和辐射试验、抗扰度试验）用于检验和确认装置是否能够满足本标准规定的传导和辐射发射限值和抗扰度要求，即装置本身的电磁发射不会超过可能干扰其他装置工作的水平，装置还能承受不超过本标准规定的电磁干扰。装置与外部电磁环境的特定接口称为端口，含直流电源端口、输入端口、端口、通信端口、外壳端口和功能地端口，如图 2-3 所示。

图 2-3　保护装置的端口示意图

1. 辐射发射和传导发射试验

试验要求和过程规定如表 2-1～表 2-2 所示。

表 2-1　　发射试验—外壳端口

序号	环境现象	频率范围限值	限值	试验过程
1	辐射发射	30～230MHz	40dB（μV/m）准峰值	GB/T 14598.26—2015《量度继电器和保护装置 第 26 部分：电磁兼容要求》
		230～1000MHz	47dB（μV/m）准峰值	

表 2-2　　发射试验—直流电源端口

序号	环境现象	频率范围限值	限值	试验过程
1	传导发射	0.15～0.5MHz	79dB（μV/m）准峰值 66dB（μV/m）平均值	GB/T 14598.26—2015《量度继电器和保护装置 第 26 部分：电磁兼容要求》
		0.5～5MHz	73dB（μV/m）准峰值 60dB（μV/m）平均值	
		5～30MHz	73dB（μV/m）准峰值 60dB（μV/m）平均值	

2. 抗扰度试验

抗扰度试验要求和过程规定如表 2-3～表 2-7 所示。

表 2-3　　抗扰度试验—外壳接口

序号	环境现象	试验规范	单位	基础标准
1	扫频试验频率范围	0.15～80	MHz	GB/T 14598.26—2015《量度继电器和保护装置 第 26 部分：电磁兼容要求》
	试验等级	10	V（有效值）	
	调幅	80	%AM（1MHz）	
2	静电放电接触空气	2　4　6	kV（充电电压）	GB/T 14598.26—2015《量度继电器和保护装置 第 26 部分：电磁兼容要求》
		2　4　8	kV（充电电压）	
3	工频磁场持续 1～3s	30	A/m	GB/T 17626.8—2016《电磁兼容　试验和测量技术 工频磁场抗扰度试验》
		300	A/m	
4	脉冲磁场	8/20	μs（TR/TH 电流）	GB/T 17626.1—2006《电磁兼容　试验和测量技术 抗扰度试验总论》
		300	A/m	
5	阻尼振荡磁场	0.1 1	MHz	GB/T 17626.1—2006《电磁兼容　试验和测量技术 抗扰度试验总论》
		30	A/m	

表 2-4　　抗扰度试验—直流电源端口

序号	环境现象	试验规范	单位	试验过程合格判据
1	射频场感应的传导骚扰	0.15～80	MHz	GB/T 14598.2—2011《量度继电器和保护装置 第 1 部分：通用要求》
	试验等级	10	V（未调制，有效值）	
	源阻抗	150	Ω（源阻抗）	
	调幅	80	%AM（1kHz）	

续表

序号	环境现象	试验规范	单位	试验过程合格判据
2	快速瞬变上升时间	5/50	ns TR/TH	GB/T 14598.26—2015《量度继电器和保护装置 第26部分：电磁兼容要求》
	A级	4	kV（峰值电压）	
	重复频率	5	kHz	
	B级	2	kV（峰值电压）	
	重复频率	5	kHz	
3	1MHz脉冲群	1	MHz	GB/T 14598.2—2011《量度继电器和保护装置 第1部分：通用要求》
	电压上升时间	75	nsTR	
	重复频率	400	Hz	
	输出阻抗	200	Ω	
	差模	1	kV（峰值电压）	
	共模	2.5	kV（峰值电压）	
4	100kHz脉冲群	100	M　Hz	GB/T 14598.2—2011《量度继电器和保护装置 第1部分：通用要求》
	电压上升时间	75	nsTR	
	重复频率	40	Hz	
	输出阻抗	200	Ω	
	差模	1	kV（峰值电压）	
	共模	2.5	kV（峰值电压）	
5	浪涌波前时间/半峰值时间	1.2/50（8/20）	μs TR/TH 电压（电流）	GB/T 14598.2—2011《量度继电器和保护装置 第1部分：通用要求》
	源阻抗	2	Ω	
	线对线B类	0.5　1	kV	
	耦合电阻	40	Ω	
	耦合电容	18	μF	
	线对线B类	0.5　1　2	kV	
	耦合电阻	10	Ω	
	耦合电容	9	μF	
6	直流电压暂降衰减	100	%	GB/T 14598.2—2011《量度继电器和保护装置 第1部分：通用要求》
	中断时间	5，10，20，50，100，200	ms	

表 2-5　抗扰度试验—通信端口

序号	环境现象	试验规范	单位	试验过程合格判据
1	射频场感应的传导骚扰	0.15～80	MHz	GB/T 14598.2—2011《量度继电器和保护装置 第1部分：通用要求》
	试验等级	10	V（未调制）	
	源阻抗	150	Ω（源阻抗）	
	调幅	80	%AM（1kHz）	
2	快速瞬变上升时间	5/50	ns TR/TH	GB/T 14598.2—2011《量度继电器和保护装置 第1部分：通用要求》
	电压	2	kV（峰值电压）	
	A级重复频率	5	kHz	
	电压	1	kV（峰值电压）	
	B级重复频率	5	kHz	
3	1MHz脉冲群	1	MHz	GB/T 14598.2—2011《量度继电器和保护装置 第1部分：通用要求》
	电压上升时间	75	nsTR	

续表

序号	环境现象	试验规范	单位	试验过程合格判据
3	重复频率	400	Hz	GB/T 14598.2—2011《量度继电器和保护装置 第 1 部分：通用要求》
	输出阻抗	200	Ω	
	试验等级（差模）	10	kV（峰值电压）	
	试验等级（共模）	1	kV（峰值电压）	
4	100kHz 脉冲群	100	kHz	GB/T 14598.2—2011《量度继电器和保护装置 第 1 部分：通用要求》
	电压上升时间	75	nsTR	
	重复频率	40	Hz	
	输出阻抗	200	Ω	
	试验等级（差模）	0	kV（峰值电压）	
	试验等级（共模）	1	kV（峰值电压）	
5	浪涌波前时间/半峰值时间	1.2/50 8/20	μs TR/TH 电压 μs TR/TH 电流	GB/T 14598.2—2011《量度继电器和保护装置 第 1 部分：通用要求》
	源阻抗	2	Ω	
	线对线 B 类	0.5　1　2	kV	
	耦合电阻	0	Ω	
	耦合电容	0	μF	

表 2-6　　抗扰度试验—输入、输出端口

序号	环境现象	试验规范	单位	试验过程合格判据
1	射频场感应的传导骚扰试验频率范围	0.15～80	MHz	GB/T 14598.2—2011《量度继电器和保护装置 第 1 部分：通用要求》
	试验等级	10	V，（有效值）	
	源阻抗	150	Ω	
	调幅	80	%AM（1kHz）	
2	快速瞬变上升时间	5/50	nsTR/TH	GB/T 14598.2—2011《量度继电器和保护装置 第 1 部分：通用要求》
	试验等级（A 类）	4	kV 峰值	
	重复频率	5	kHz	
	试验等级（B 类）	2	kV 峰值	
	重复频率	5	kHz	
3	1MHz 脉冲群	1	MHz	GB/T 14598.2—2011《量度继电器和保护装置 第 1 部分：通用要求》
	电压上升时间	75	nsTR	
	重复频率	400	Hz	
	输出阻抗	200	Ω	
	试验等级（差模、共模）	1	kV 峰值	
	重复频率	2.5	kHz 重复	
4	100kHz 脉冲群	100	kHz	GB/T 14598.2—2011《量度继电器和保护装置 第 1 部分：通用要求》
	电压上升时间	75	nsTR	
	重复频率	50	Hz	
	输出阻抗	200	Ω	
	试验等级（差模、共模）	1	kV 峰值	
	重复频率	2.5	kHz 重复	

续表

序号	环境现象	试验规范	单位	试验过程合格判据
5	浪涌 波前时间/半峰值时间	1.2/50 (8/20)	μs TR/TH 电压（电流）	GB/T 14598.2—2011《量度继电器和保护装置 第1部分：通用要求》
	源阻抗	2	Ω	
	线对线B类	0.5　1	kV	
	耦合电阻	40	Ω	
	耦合电容	0.5	μF	
	线对地	0.5　1　2	kV	
	耦合电阻	40	Ω	
	耦合电容	0.5	μF	
6	工频A级差模试验电压	150	V（有效值）	GB/T 14598.2—2011《量度继电器和保护装置 第1部分：通用要求》
	耦合电阻	100	Ω	
	耦合电容	0.1	μF	
	共模试验电压	300	V（有效值）	
	耦合电阻	220	Ω	
	耦合电容	0.47	μF	
	工频B类差模试验电压	100	V	
	耦合电阻	100	Ω	
	耦合电容	0.047	μF	
	共模试验电压	300	V（有效值）	
	耦合电阻	220	Ω	
	耦合电容	0.47	μF	

表 2-7　　抗扰度试验—功能地端口

序号	环境现象	试验规范	单位	试验过程合格判据
1	射频场感应的传导骚扰试验频率范围	0.15～80	MHz	GB/T 14598.2—2011《量度继电器和保护装置 第1部分：通用要求》
	试验等级	10	V（有效值）	
	源阻抗	150	Ω	
	调幅	80	%AM（1kHz）	
2	快速瞬变上升时间	5/50	nsTR/TH	GB/T 14598.2—2011《量度继电器和保护装置 第1部分：通用要求》
	试验等级（A级）	4	kV峰值	
	重复频率	5	kHz	
	试验等级（B级）	2	kV峰值	
	重复频率	5	kHz	

合格判据：发射试验检测值应低于表2-1和表2-2规定的水平；抗扰度试验合格判据应符合表2-3～表2-7中给出的标准规定；试验后，被试装置仍应符合相关性能规范。

3. 直流电源端口电压暂降、短时中断、瞬变和纹波

（1）试验等级。宜在装置技术文件规定的电压最大值和最小值之间评估试验效果。使用被试装置（EUT）的额定电压作为试验严酷等级的基础，在被试装置的额定电压范围内，

应在被试装置声明的电压范围中最低电压和最高电压处进行试验。

（2）试验要求。应按照表 2-8 要求对产品进行试验。

表 2-8　　试验项目、等级和持续时间

序号	环境类型	试验规范	单位	合格判据
1	电压暂降	0	%（残余电压）	A
		10～1000	ms（持续时间）	
		40	%（残余电压）	C
		200	ms（持续时间）	
		70	%（残余电压）	C
		500	ms（持续时间）	
2	电压中断	0	%（残余电压）	C
		5	s（持续时间）	
3	直流中交流分量（纹波）	额定直流电压的 15%频率为 50Hz 时，试验频率为 100Hz	V Hz，正弦波	A
4	缓慢启动/缓慢关断	60	s（关断历时）	C
		5	min（电源新开）	
		60	s（启动历时）	
5	直流电源极性反接	1	min	C

（3）直流电压暂降。按 GB/T 17626.29—2006《电磁兼容　试验和测量技术　直流电源输入端口电压暂降、短时中断和电压变化的抗扰度试验》规定的方法进行试验。

（4）直流电压中断。按 GB/T 17626.29—2006 规定的方法进行试验。

（5）直流中交流分量（纹波）。按 GB/T 17626.17—2005 规定的方法进行试验。

（6）电源缓慢启动和缓慢关断试验。图 2-4 给出试验方法。

（7）极性反接。直流电源输入极性反接试验应持续 1min，应由制造商声明和给出书面试验结果。

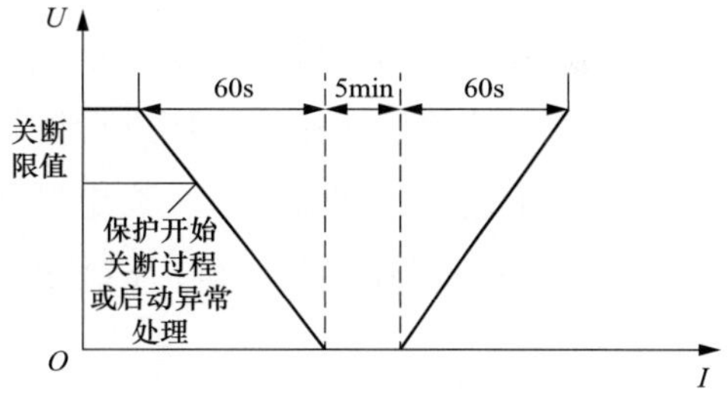

图 2-4　电源缓慢启动和缓慢关断试验

（8）试验方法。试验应在 GB/T 17626.17—2005、GB/T 17626.29—2006 和表 2-9 规定的基准条件下进行。

（9）试验合格判据。试验合格判据如表 2-9 所示。

表 2-9　　试验合格判据

条件	功能	合格条件
A	保护	试验期间和试验后，规定限值内性能正常
	命令与控制	试验期间和试验后，规定限值内性能正常
	测量	试验期间性能暂时下降，试验后自行恢复，存储数据无丢失
	人机接口和可视报警	试验期间性能暂时下降或功能丧失，试验后自行恢复，存储数据无丢失
	数据通信	误码率可能增加，但传输数据无丢失

续表

条件	功能	合格条件
C	保护	试验期间在规定限值内性能正常，或为制造商明确规定的预定行为，如短暂功能丧失或关断并能自动恢复正常运行 不应出现误动作
	命令与控制	试验期间在规定限值内性能正常，或为制造商明确规定的预定行为，如短暂功能丧失或关断并能自动恢复正常运行 不应出现误动作
	测量	试验期间性能暂时下降，或为制造商明确规定的预定行为，如短暂功能丧失并能自动恢复正常运行
	人机接口和可视报警	试验期间性能暂时下降，或为制造商明确规定的预定行为，如短暂功能丧失或关断并能自动恢复正常运行
	数据通信	误码率可能增加，或为制造商明确规定的预定行为，如数据丢失并能自动恢复正常

2.3 变电站直流系统

2.3.1 变电站直流系统组成

直流系统是为变电站内信号及远动设备、保护及自动装置、事故照明、断路器控制回路提供直流电源的电源设备。相对变电站交流系统而言，直流系统较为独立，能够在站内交流电中断的情况下，由蓄电池组继续提供直流电源，保障系统设备正常运行。

由于直流系统的配置和接线应根据电力工程的规模和电源系统的容量确定，以一组充电机一组蓄电池单母线接线为例进行讲解。

直流系统包括：交流输入、充电装置、蓄电池组、监控系统（包括监控装置、绝缘监测装置等）、母线调压装置（降压硅链）、直流馈线屏等单元组成，共同完成直流系统的功能。

（1）交流输入。一套直流系统一般采用两路交流输入电源，且能保证一路交流电源失去时能自动切换到另一路交流输入。

（2）充电装置。充电装置实质是将交流电整流成直流电的一种换流设备，其主要功能是实现正常负荷供电及蓄电池的均/浮充功能。正常时，蓄电池处于浮充状态，充电装置仅提供较小的浮充电流；当蓄电池容量大幅度下降或者蓄电池带载试验后，充电装置切换到均充状态。

（3）蓄电池组。蓄电池组能保证直流系统在失去交流输入的情况下仍能输出直流电源，蓄电池组到直流母线之间采用熔断器起保护作用，熔断器应带有报警触点。日常巡视中需关注每个蓄电池电压情况，现阶段普遍采用的额定电压 2V 阀控式铅酸蓄电池，浮充状态下的电压在 2.15～2.35V 之间，超出这个范围应给予关注。

（4）监控系统。监控系统包含了充电机监控模块、蓄电池监控模块以及绝缘监测装置。用以监控充电机工作状态、蓄电池组电压、各馈线绝缘电阻等；监测交流输入电压、直流母线电压、负载总电流、蓄电池电压、电池充放电电流等参数；监测充电装置故障、交流电压异常、控制母线过/欠压、直流接地、直流空气断路器脱扣、电池组熔断器熔断、绝缘监察和其他装置故障等信号；实现充电装置的均、浮充转换控制。

（5）直流馈线。在大型直流网络中，环形供电网络操作切换较复杂，寻找接地故障点也较困难；环形供电网络路径较长，电缆压降也较大。因此，变电站直流系统的馈线网络应采用辐射状供电方式，不宜采用环状供电方式。

2.3.2　直流电源

变电站用直流系统如图 2-5 所示，其中直流电源系统为双母线、双组电池、双组充电模块、有降压装置的直流电源系统。

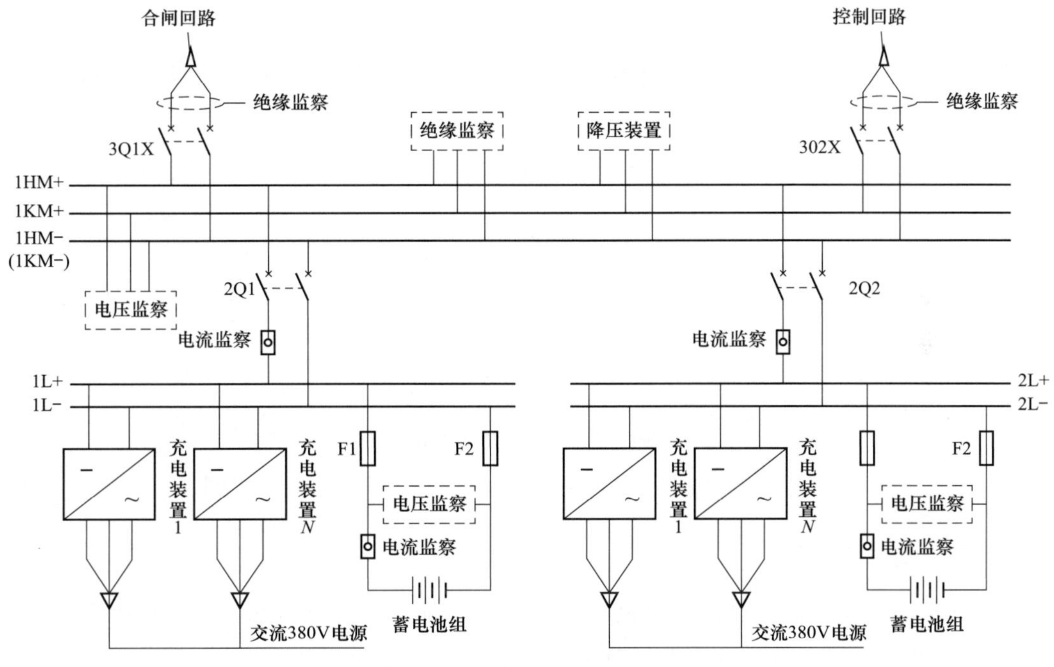

图 2-5　变电站用直流系统

2.3.3　控制电缆的分布电容

随着继电保护技术的发展，集成电路保护和微机保护在电力系统中的应用越来越广泛。在 200kV 及以上变电站中，所有由开关场接入控制室的继电保护设备中的交流电流、电压和直流跳闸等回路，都可能从开关场引入干扰电压到基于微电子器件的继电保护设备上，因此二次回路要采用带屏蔽层的电缆，且要求屏蔽层在开关场和控制室两端同时接地。电缆的芯线和屏蔽层之间存在有分布电容，电缆越长，分布电容效应越明显。由于屏蔽层两端接地，实际上这种分布电容也就是电缆芯线对地之间的分布电容。

2.3.4 系统电容

1. 系统电容的组成

随着微机型保护的发展，直流电源系统的负载在抗干扰及电源形式上有了较大的变化，随之而来的就是增加了直流系统母线对地电容，其主要来源于两个方面：保护装置电源基本采用开关电源，而开关电源的输入级带来的母线对地电容是其中主要的一部分；另一方面是屏蔽电缆的分布电容。当然直流电源系统中还存在其他的母线对地电容，如某些设计不合理的绝缘监测装置、充电装置、一些电缆的分布电容等。经过现场测试直流电源系统的母线对地电容一般在几十到几百微法之间。

2. 保护等设备用开关电源输入级滤波电容

从图 2-6 中不难发现，C_3、C_4 分别为正负极对地电容。

按最大规模变电站保护等控制设备有 1000 套开关电源计算，由开关电源输入级带来的电容为

$$C+=C-=1000\times(0.01\sim0.022)\leqslant 22\mu\text{F};\text{正负极对地电容}$$

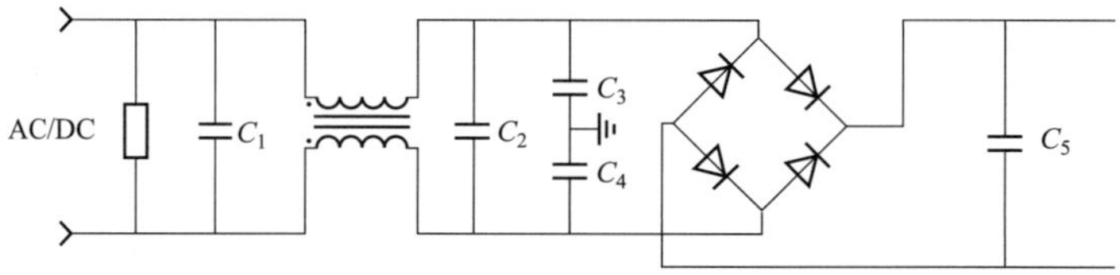

图 2-6 开关电源输入级电路图

C_1、C_2—0.1μF～0.47μF；C_3、C_4—0.01μF～0.022μF；C_5—>100μF

3. 供电电缆对地电容

根据研究，电缆芯线对屏蔽层之间的电容约为 0.15～0.3μF/km。以每根电缆平均长度 50m，按正负电源线各 2000 根，则正负极供电电缆对地电容均为

$$(50\text{m/根})\times2000\text{根}(0.15\sim0.3\mu\text{F})/1000\text{m}=15\sim30\mu\text{F}$$

4. 实测变电站系统电容

为了在不影响直流系统正常工作的情况下安全、准确、快速、便捷地测量系统中的分布电容。采用带电测电容的设备对运行变电站进行电容的测量，其工作原理如图 2-7 所示。

其检测原理实质是在直流系统中注入一个频率 $f=0.5$Hz 微小交流信号 U_s。注入信号后直流系统的等效电路图如图 2-8 所示，R_f 和 C_f 是直流系统中待测的接地电阻和接地电容。通过采样电路采样交流信号电流 I_s，用离散傅里叶算法可计算出系统中的阻抗 Z_r 和容抗 Z_c 为

$$Z_r = \frac{V_s}{I_s}\cos(\varphi) \tag{2-1}$$

$$Z_c = \frac{V_s}{I_s}\sin(\varphi) \tag{2-2}$$

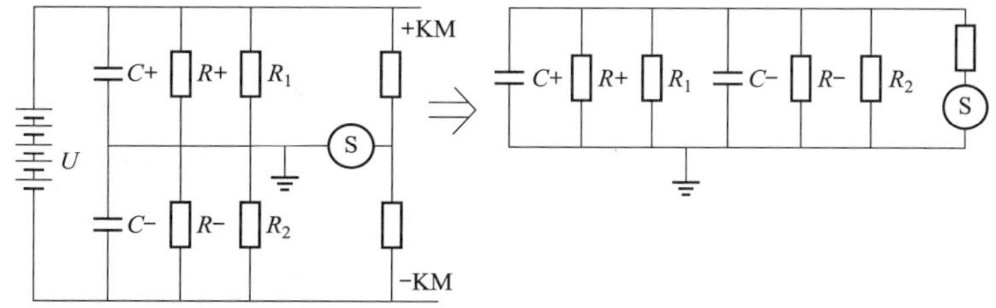

图 2-7　电容测量仪工作原理图

$R+$—正极对地电阻；R_1—正极桥电阻；$R-$—负极对地电阻；R_2—负极桥电阻；

$C+$—正极对地电容；U—直流母线电压；$C-$—负极对地电容；S—测量信号源

式中：φ 为通过傅里叶算法计算得出的相位；Z_r 的值为系统电阻 R_f 的阻值；C_f 可计算为

$$C_f = \frac{1}{2\pi f Z_c} \tag{2-3}$$

装置实物图如图 2-9 所示，利用该装置项目组在对 32 个运行变电站进行直流电源系统系统电容的测量（见图 2-10），其测量结果如表 2-10 所示，其结果与理论分析一致。

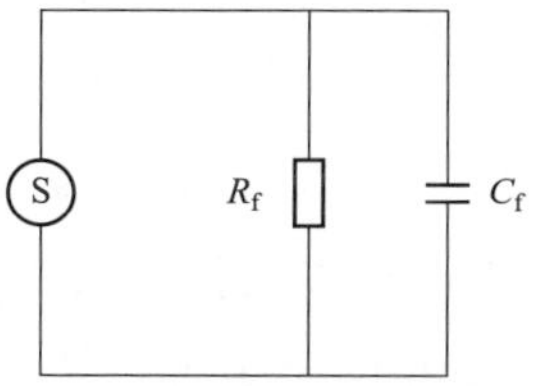

图 2-8　电容测量仪等效电路图

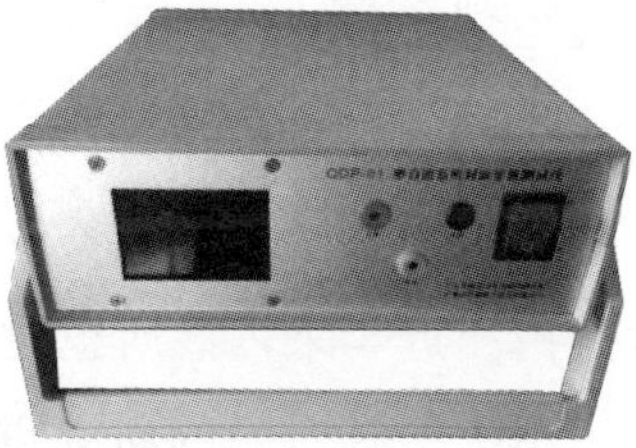

图 2-9　电容测试仪实物图

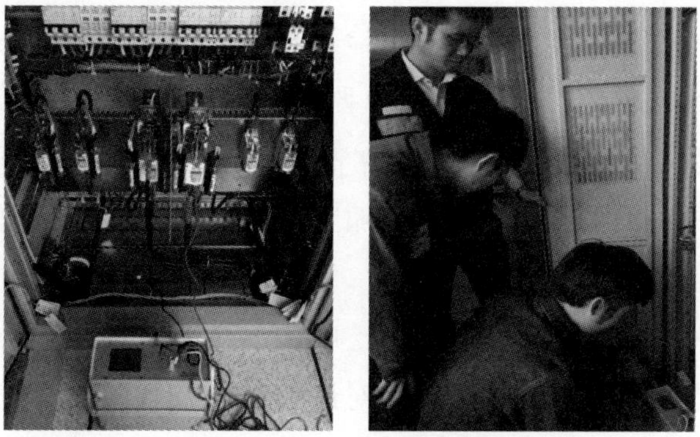

图 2-10　系统电容现场测试

表 2-10　　直流系统电容数据表

序号	变电站名称	系统电容	序号	变电站名称	系统电容
1	××220kV站	14.1μF	17	××220kV站	35.1μF
2	××110kV站	11.4μF	18	××110kV站	15.1μF
3	××110kV站	9.8μF	19	××220kV站	26.2μF
4	××110kV站	11.4μF	20	××220kV站	39.1μF
5	××110kV站	10.1μF	21	××110kV站	9.5μF
6	××110kV站	15.6μF	22	××220kV站	25.6μF
7	××110kV站	14.7μF	23	××220kV站	31.2μF
8	××220kV站	18.9μF	24	××220kV站	39.8μF
9	××110kV站	12.9μF	25	××110kV站	16.2μF
10	××110kV站	11.2μF	26	××110kV站	11.7μF
11	××110kV站	7.6μF	27	××220kV站	17.2μF
12	××110kV站	15.4μF	28	××110kV站	11.5μF
13	××220kV站	27.7μF	29	××110kV站	13.1μF
14	××110kV站	13.6μF	30	××110kV站	7.7μF
15	××110kV站	11.7μF	31	××220kV站	29.8μF
16	××110kV站	10.1μF	32	××110kV站	18.1μF

2.3.5　绝缘监测装置

在1988年，按电力工业部下达的科研项目要求，长江水利委员会与武汉市琴台电子研制所合作研制成功“WZJ-4型微机直流系统绝缘监测仪”，并通过技术鉴定，在当时填补了国内该领域的技术空白。近年来，该所也对监测仪器进行过多次技术改进。

近年来直流电源系统绝缘监测的研究重点主要集中在两个方面：一是接地支路检测灵敏度和准确性的提高，采用的技术手段有低频探测法、变频探测法、霍尔磁式平衡法、振荡频率探测法、相位差磁调制检测法等；二是拓展了直流绝缘监测的内容，对因直流电源系统异常影响系统安全稳定运行的因素进行检测和预防。这方面开展的工作有交流窜入直流监测、控制母线对地电压监测、直流互窜监测和寄生回路监测等，并在DL/T 1392—2014《直流电源系统绝缘监测装置技术条件》标准中有所反映。虽然新标准中提出了一些要求，但在执行过程中还有待进一步完善。随着变电站智能化的发展，直流电源系统故障的智能监控日益受到重视。

近十年来，微机型绝缘监测装置获得广泛应用。微机型绝缘监测装置有很多优点，除了告警功能外，还可测量母线电压、正负极对地电压，查找接地支路，与后台监控进行通信，可将接地故障及装置故障等信息上传，适用了无人值班的要求。

同时，微机型绝缘监测装置还有需要解决下述问题。以前的绝缘告警继电器有统一的规范，大都是漏电流达到 2mA 左右继电器发出告警信号，此时绝缘电阻大约为 25kΩ。而微机型绝缘监察装置，各生产企业由于采用的算法、测量原理和参数配置的不同，使得相同绝缘电阻接地时，对地电压相差很大。有些绝缘监察装置在接地告警检测和接地支路选线过程中，也会造成对地电压大幅波动，据现场实测，最高达到 100％直流电压波动范围，不但给运行维护带来麻烦，而且还是近年来诸多保护控制设备误动的主要问题所在，给电力系统的安全稳定运行带来极大的隐患。

1. 绝缘监测的电阻检测

目前，绝缘监测装置普遍采用电桥法检测直流系统的母线对地电阻。基本原理：将直流系统正负极对地绝缘电阻和人为设置的两个电阻 R 组成电桥，系统正常时，电桥平衡；当系统出现某一点接地时，电桥失去平衡，产生报警信号。如图 2-11 所示，当系统绝缘状况良好时，正极与负极对地绝缘电阻 $R+$ 与 $R-$ 相等，继电器中仅有微小的不平衡电流流过，且小于整定值，装置不发出报警信号；当发生接地故障时，假设负极经 $R-$ 接地，电桥失去平衡，继电器中有较大的不平衡电流流过，当此电流大于整定值时，装置发出报警信号，指示发生接地故障。

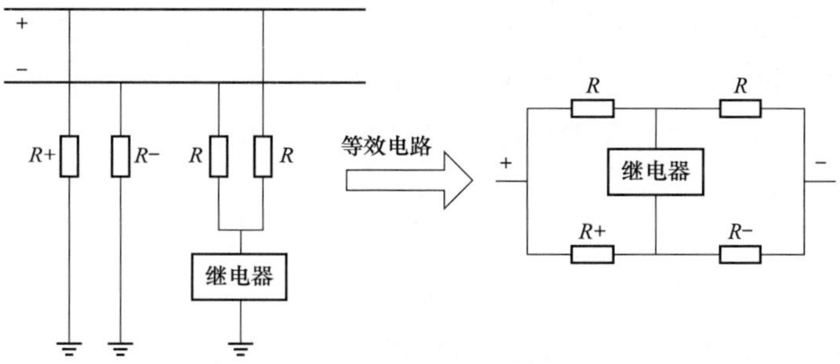

图 2-11　电桥法原理图

电桥法得到了广泛的应用，但存在以下主要缺点。

（1）正负极接地等效电阻同等下降或数值接近时，即使已经超越报警界限装置也不动作。为了解决此类问题，现有的绝缘监测装置普遍增加了不平衡桥检测电阻。

（2）正负极接地等效电阻数值都很大（正常范围内），但差值较大时，装置会误报警。但因其电路简单，成本低廉，在一些要求不高的场合，仍占主要地位。

（3）装置只能判断整个系统的绝缘状况，不能直接确定接地点，必须进行拉开。

直流线路需要逐一确定接地点，因此，用拉路法查找接地支路，要考虑直流系统缺电的影响。为了解决故障支路定位的问题，根据漏电流传感器的类型，检测法一般可分为直流漏电流检测法和交流信号注入法两种。

2. 直流漏电流检测法

直流漏电流检测法主要是通过检测直流系统支路对地直流不平衡电流，选择接地故障所在支路来进行接地监测。如图 2-12 所示，在各直流支路套装毫安级直流电流传感器，采集流过直流支路上的不平衡电流，即流过正极与负极馈线的电流差。正常情况下，断路器 S＋、S－闭合，正极与负极馈线无电流差，$I_{n+}=I_{n-}$，直流电流传感器无信号输出。

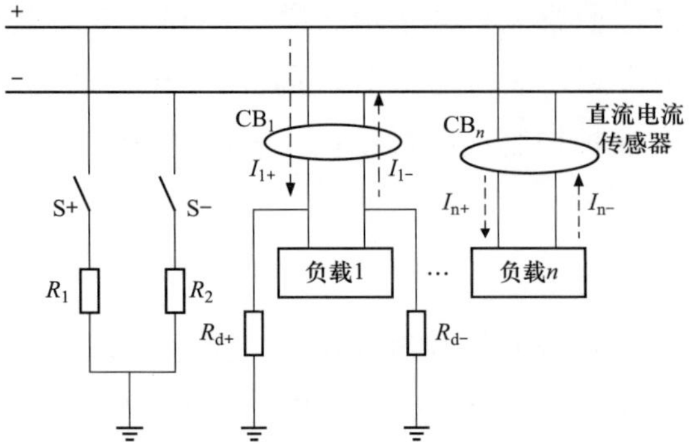

图 2-12　漏电流法原理图

当支路发生单极接地故障时，假设负载 1 所在支路正极发生接地故障，接地电阻为 R_{d+}，R_{d+}会与 R_2 形成回路，产生接地剩余电流 I_r，其数值为

$$I_r=\frac{U}{R_{d+}+R_2} \tag{2-4}$$

假设流过负载 1 所在支路正母线的电流 I_{1+}，流过负载 1 所在支路母线的电流为 I_{1+}，根据基尔霍夫电流定律可得

$$I_{1+}=I_r+I_{1-} \tag{2-5}$$

即

$$I_r=I_{1+}-I_{1-} \tag{2-6}$$

由式（2-5）可以看出，流过接地电阻 R_{d+}的电流值 I_r 是流过负载 1 所在支路正负母线电流 I_{1+}、I_{1-}的差值，而套装在负载 1 所在支路的毫安级直流微电流传感器采集的是该支路正负母线对地不平衡电流，即流过接地电阻 R_d 的电流 I_r。由式（2-4）可得

$$R_{d+}=\frac{U}{I_r}-R_2 \tag{2-7}$$

若用漏电流法检测两级同时接地故障，需要对图 2-12 中电阻 R_1 和 R_2（两者数值相等均为 R）进行切换。这是由于漏电流传感器检测的是支路正、负极不平衡电流，若不切换电阻，当发生两极同时接地故障，支路正、负极都有漏电流流过且方向相反，传感器将检测不到漏电流信号。检测方法：假设负载 1 所在支路发生两级同时接地故障，正负极接地电阻分别为 R_{d+}和 R_{d-}。合上断路器 S＋，断开断路器 S－，直流电流传感器测得电流 I_1，根据电路定理有

$$I_1R_1+(I_1\frac{R_1}{R_{d+}}+I_1)R_d=U \tag{2-8}$$

合上开关 S－，断开开关 S＋，直流电流传感器测得电流 I_2，根据电路定理有

$$I_2R_2+(I_2\frac{R_2}{R_{d-}}+I_2)R_{d+}=U \tag{2-9}$$

联立式（2-7）和式（2-8），可得

$$R_{d+}=\frac{U}{I_2}-\left(I+\frac{I_1}{I_2}\right)R \tag{2-10}$$

$$R_{d-}=\frac{U}{I_1}-\left(I+\frac{I_2}{I_1}\right)R \tag{2-11}$$

式（2-10）和式（2-11）求得的 R_{d+} 和 R_{d-} 即为正负极接地电阻值。

直流漏电检测法主要有以下优点。

（1）直接利用操作电源作为检测电源，对被测量进行直接检测，可实现自动检测正、负极对地接地电阻，而且数值准确。

（2）检测精度不受直流系统分布电容影响。该方法存在的问题是：若要检测正负极同时接地情况，需要频繁对正负母线切换接地电阻，形成漏电流回路，接地电阻的频繁切换很容易造成继电器等保护设备的误动作；采用此方法制成的在线式监测装置与便携式装置配合使用时有局限。

目前采用漏电流法检测直流系统接地故障的装置较多，其主要特点是：采用漏电流法检测直流系统支路对地直流不平衡电流，由微机选择接地故障所在支路，可对直流系统和闸母线电压和控制母线电压进行实时监察和显示，可进行过压、欠压报警；最多可检测 64 条支路；不受变电站直流对地电容的影响。但该装置的缺点是不能检测两极同时接地情况，检测支路有限，且不能与便携式装置配合使用，查找具体接地故障点。

3. 交流信号注入法

交流信号注入法又称低频信号法，采用定时在直流系统母线和大地之间注入低频交流信号，根据交流电流信号的流向查找接地故障来实现接地监测。交流信号注入法既可用于在线监测装置，通过注入的交流信号轨迹确定接地故障所在支路；也可配合接地故障定位仪，在确定的故障支路上寻找注入的交流信号轨迹，其消失的地方即为故障点。根据注入的低频交流信号变化与否，该方法又具体分为定频法和变频法两种。

（1）定频法。向直流系统和大地之间注入一个固定频率为 f 的低频信号，通过检测此交流电流信号的流向和幅值大小，判断直流系统接地支路和接地点。定频法注入信号的频率一般在 0.5～20Hz 之间。若注入的信号频率过高，检测结果受系统分布电容影响较大；若注入信号频率过低，交流电流传感器又不容易检测到此交流信号，从而影响检测结果的准确性[6]。

（2）变频法[7]。为了减小系统对地分布电容对检测结果的影响，又提出了变频法。变频法是在定频法的基础上，向直流系统和大地之间注入两个同幅值不同频率的低频交流电压信号，利用电流传感器探测各支路的低频电流，通过利用接地故障后两个低频交流电流信号的比值大于正常情况下两个电流比值的现象来确定接地支路与接地点，且能求出接地电阻值。设注入的两个信号频率分别为 f_1 和 f_2，信号源电压有效值为恒值 U，系统对地分布电容为 C，正常情况下流过支路电容电流分别为 I_{f1} 和 I_{f2}

$$\frac{I_{f1}}{I_{f2}} = \frac{2\pi f_1 CU}{2\pi f_2 CU} = \frac{f_1}{f_2} \quad (f_1 < f_2) \tag{2-12}$$

当在该支路末端发生接地故障时，其等效电路如图 2-13 所示，接地电阻为 R，通过故障支路交流电流传感器所测得的两个频率下的交流电流有效值分别为 I'_{f1} 和 I'_{f2}，则

$$\frac{I'_{f1}}{I'_{f2}}=\frac{\sqrt{\left(\frac{U}{R}\right)^2+(2\pi f_1CU)^2}}{\sqrt{\left(\frac{U}{R}\right)^2+(2\pi f_2CU)^2}}=\frac{\sqrt{1+(2\pi f_1RC)^2}}{\sqrt{1+(2\pi f_2rC)^2}}>\frac{I_{f1}}{I_{f2}} \tag{2-13}$$

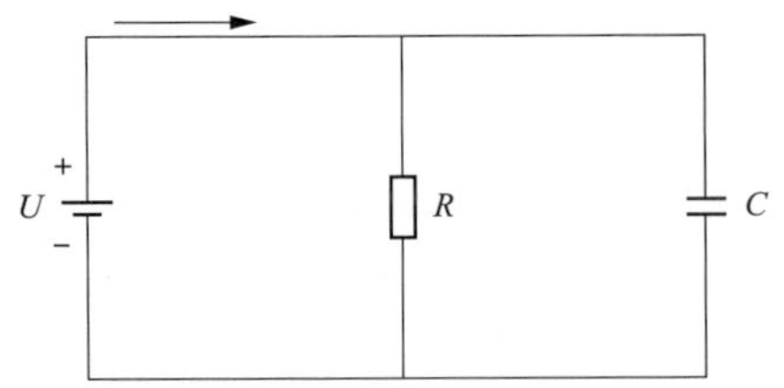

图 2-13　接地等效电路

因此，根据式（2-13），可以利用接地故障后两个不同频率电流的比值大于正常情况下两个不同频率电流比值，来检测接地支路。这种方法，从原理上看是可行的，基本解决了低频探测原理中的不足，但在实际应用中，效果却不理想，关键在于当系统分布电容很大时

$$\lim_{c\to\infty R=常数}\frac{\sqrt{1+(2\pi f_1RC)^2}}{\sqrt{1+(2\pi f_2RC)^2}}=\frac{f_1}{f_2}=\frac{I_{f_1}}{I_{f_2}} \tag{2-14}$$

而当接地电阻很大时

$$\lim_{R\to\infty C=常数}\frac{\sqrt{1+(2\pi f_1RC)^2}}{\sqrt{1+(2\pi f_2RC)^2}}=\frac{f_1}{f_2}=\frac{I_{f_1}}{I_{f_2}} \tag{2-15}$$

因此，随着接地电阻或交流线路对地分布电容的增大，将无法识别$\frac{I'_{f1}}{I'_{f2}}>\frac{I_{f1}}{I_{f2}}$，这样就无法查找接地支路。这种查找方法的使用范围有限。

目前采用交流信号注入法（低频信号法）原理的在线检测装置有很多，如法马通（FRAMATOME）、阿尔斯通（ALSTOM）生产的与电站直流供电系统相配套的接地故障探测仪，北京科锐配电自动化有限公司生产的 DCFD 直流系统接地故障探测仪，保定浪派迪电气公司生产的 LBD-ZDT 型直流系统接地故障探测装置等。这类探测装置的共同特点是可以实现故障点检测，但受系统分布电容电流影响大，灵敏度不高，接地检测及支路查找成功率低。同时，应指出，因须向直流母线注入低频率交流信号电压才能检测接地故障，增大了直流系统的电压纹波系数，影响直流系统的安全运行。

2.4　二次回路

2.4.1　电流回路

变电站中用电流互感器将一次侧交流大电流转换成可供测量、保护或控制等仪表或继电保护装置使用的二次侧小电流。电流互感器的一次绕组与需测量保护或控制的电路（如母线或变压器）串联，二次绕组与测量、保护或控制装置的电流线圈连接，使一、二次侧高压、低压电路互相隔离。

按照结构和用途的不同，电流互感器分为穿墙式、母线式、电缆式、套管式和油浸式等。变电站中常用的是套管式电流互感器，套管的导电芯棒即一次绕组。环状铁芯用带状硅钢片卷制而成，二次绕组用绝缘线绕在铁芯上。其二次绕组通常备有不同的变比抽头，供测量和保护装置选用。

（1）电流互感器二次回路干扰分析。

当高频暂态电流从母线上流过时，有可能通过电流互感器套管电容及接地引线电感的作用对二次电缆的末端产生电磁干扰。干扰产生的路径及机理如图 2-14 所示。

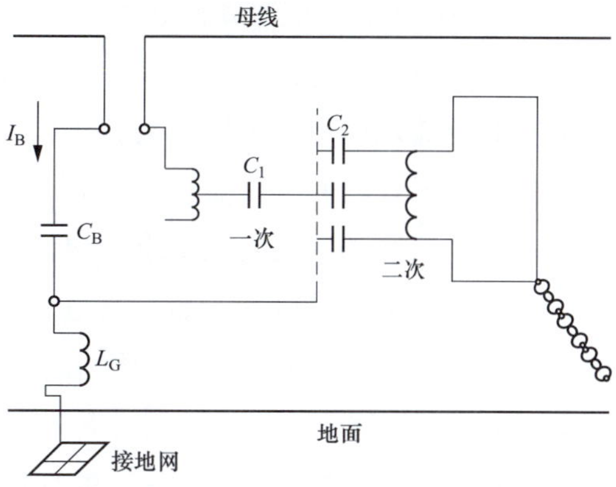

图 2-14　干扰产生的路径及机理图

当暂态电流 I_B 流过 C_B 时，通过接地引线注入变电站地网。由于地阻抗引起地电位升和引线电感上的电位，此合成电位对于电流互感器二次回路相当于干扰源，通过地阻抗、接地引线电感 L_G 和电流互感器二次绕组与屏蔽层之间存在寄生电容 C_2，将在二次电缆的一次端产生干扰电压 U_G。二次电缆需要接到控制室作为继电保护、控制的输入信号，其长度在几十米到近千米之间。由于信号频率很高，将其芯线及大地视为传输线（当二次电缆屏蔽层未接地或单端接地时）。这样干扰电压波通过它传播至二次电缆末端，产生干扰电流及电压。

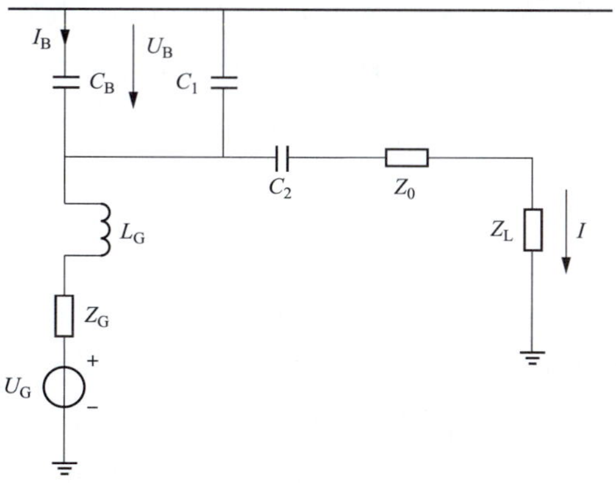

图 2-15　电流互感器的等效计算电路

图 2-15 为干扰途径的等效电路。其中 C_B 为套管电容，I_B 为其上流过的暂态电流。L_G 为引线电感，C_1 为电流互感器一次线圈与屏蔽层之间的寄生电容，C_2 为电流互感器二次绕组与屏蔽层之间的寄生电容。Z_0 为长为 L 的二次电缆的波阻抗，Z_L 为二次电缆的末端负载阻抗（即保护或控制电路的输入阻抗）。

高频暂态电流进入变电站的母线时，不仅在母线上流过，而且大部分通过套管电容及引线电感在电流互感器及其接地引线上流过。当 I_B 在 C_B 上流过时，将通过 L_G 和地阻抗 Z_G 在其上产生干扰源 U_G。

（2）电流互感器二次回路接地点的选择。

电流互感器的二次回路有且只能有一个接地点。独立的、与其他互感器二次回路没有电的联系的电流互感器二次回路，宜在开关场实现一点接地。由几组电流互感器组合的电流回路，如各种多断路器主接线的保护电流回路，其接地点宜选在控制室。

同一电流回路存在两个接地点，就很有可能造成故障时保护出现误动或拒动。如多个电流互感器二次组合的电流回路，其 N 线一端在场地接地另一端在保护屏处接地或经装置连接在一起的话，故障时零序电流将在多个 N 线中产生分流。而电流互感器二次绕组接地是保证二次绕组及其所接回路上保护装置、测量仪表等设备和人员安全的重要措施。由于电流互感器一次绕组接在系统电压上，该电压通过一、二次绕组间耦合电容引入到二次设备上，当人员与这些设备接触时，会造成触电危险，令二次回路直接接地就可以避免高电压引入。

当出现两点接地时，两个接地点的电位差将接入这个连通的回路，造成两接地点间产生不应有的分流，使得系统保护装置内流入的电流同电流互感器二次侧所感应的电流的大小存在极大差异，致使变压器差动保护、母线差动保护等继电保护系统出现误动，继而酿成更为严重的系统事故，后果不堪设想，如以下案例。

1）案例 1。2009 年 1 月 5 日，某电厂 2 号机组主变压器 B 相差动保护动作发电机-变压器组跳闸，汽轮机跳闸，锅炉 MFT。机组事故停机后，对电气设备进行检查后发现在主变压器第二套保护中断路器侧 B 相 TA 二次电流回路在差动保护启动前 16ms 出现 0.2A 的电流，超过保护定值，保护动作。通过断路器侧 B 相电流波形的分析，确定是由于人为误碰造成中压断路器侧二次电流回路在开关站侧发生短时接地，加上原本的一个接地点，造成电流回路两点接地。由于两个接地点之间的地电位差较大产生了电流，该电流导致变压器差动保护误动。

2）案例 2。某 110kV 变电站 10kV Ⅰ 母线开关柜换型改造过程中，也引起了主变压器比率差动保护动作，1 号主变压器三侧跳闸。根据故障录波图和现场检查综合分析，可以确定故障发生的过程：故障未发生前，1 号所用变压器低压电缆两侧已与电源断开，高压室侧已解开绑扎在一起放在电缆沟内。故障发生的当天，施工人员将低压电缆从所用屏接线柱解开后在将电缆向下抽的过程中，低压电缆铜鼻子未做绝缘处理，电缆铜鼻子碰触运行的低压空气开关接线桩上，发生 400V 低压接地短路故障造成接地网电位瞬间升高。在主变压器保护屏处的 N 与主变压器开关柜处的 N 之间产生电位差，电流回路存在两点接地，由此电位差产生的交流电流，流入主变压器差动保护电流二次回路中，1 号主变压器差动保护 10kV 侧电流回路连接片未打开，造成主变压器比率差动保护动作跳闸。

3）案例 3。某变电站 220kV 母线 A 套 RCS-915GB 母线差动后备保护动作，切除了 220kV Ⅱ 母线全部 5 回出线间隔。事故前，该变电站 1 条 220kV 线路和 1 条 220kV 母线停电，执行线路检修。当检修人员在电流互感器二次接线盒进行紧线工作时，如图 2-16 所示，将母线差动回路二次绕组端子 3S1 与在其上方相邻的二次绕组端子 2S3（2S3 为接地）短接，致使母线差动电流回路 3S1 接线端子对地导通，形成母线差动保护电流二次回路两点接地。由于两个接地点间存在电位差所形成 0.45A 的电流流经母线差动保护的电流回路，且该电流大于 RCS-915GB 母线差动定值

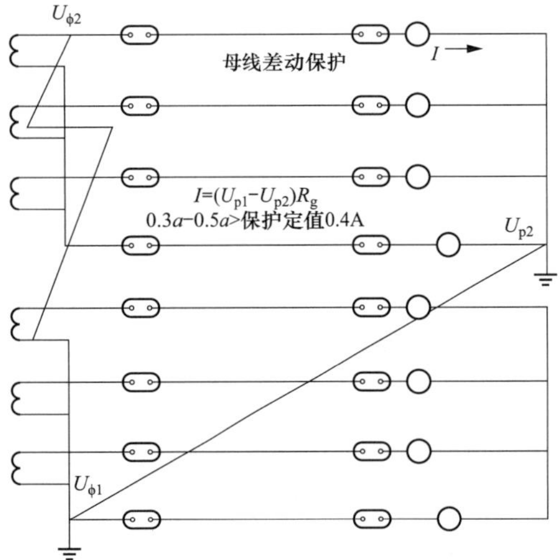

图 2-16　紧线不慎造成电流二次回路两点接地示意图

0.4A，引起母线差动保护误动作。

（3）电流互感器二次回路严禁开路。

电流互感器二次回路开路时，一次电流将对二次线圈产生强烈的励磁作用，在磁通迅速变化的瞬间，断线处将感应出峰值高达几千伏的交流电压，对人身和设备都存在着严重的威胁。所以，电流互感器在任何时候都不允许二次侧开路运行。

例如，某电站 35kV 系统 1 号站Ⅰ母线机械电流表无电流显示，而电脑监控系统中 1 号站Ⅰ母线有电流显示，用钳流表对电流表进线进行测量，显示无电流，初步判断为电流互感器回路断线，需立即进行事故处理。由于电流互感器断线会在二次侧产生高电压危急人身安全，所以在处理电流互感器断线事故之前，必须将设备停运，如遇特殊情况不能停电时，应转移下级负荷，使故障回路负荷电流为零或最小。之后采用排除法通过短接电流表、短接电能表屏计量进线 B 相、短接电流互感器计量回路根部出线转接端子、短接电流互感器计量回路 B 相根部，判断出断线的故障点位置并进行故障排除，主控室告知 1 号站Ⅰ母线机械电流表有指示，系统恢复正常，整个事故处理过程结束。

母线差动保护报电流互感器断线告警异常现象：某变电站人员按调度指令进行树桩 4R76 线由 220kV 副母Ⅱ段运行冷倒至 220kV 正母Ⅱ段的运行操作。当运行人员拉开树柱 4R76 线断路器时，220kV 第 1 套母线差动保护报电流互感器断线告警，无法复归。进一步调取后台历史记录分析发现，当拉开树柱 4R76 线时，“220kV 第 1 套母线差动保护正母Ⅱ段保护电流互感器断线/装置闭锁”与“220kV 第 1 套母线差动保护副母Ⅱ段保护电流互感器断线/装置闭锁”同时动作。分析认为，两个装置电流互感器断线同时动作的原因，应为同一间隔导致的差流异常。树柱 4R76、树石 4R77 间隔启动过程接线方式如图 2-17 所示，若启动过程中树柱 4R76 或者树石 4R77 线正母Ⅱ段隔离开关分闸，则会导致相应间隔的电流不计入正母Ⅱ段母线差动保护，线路电流较大时将会导致母线差动保护电流互感器断线告警。

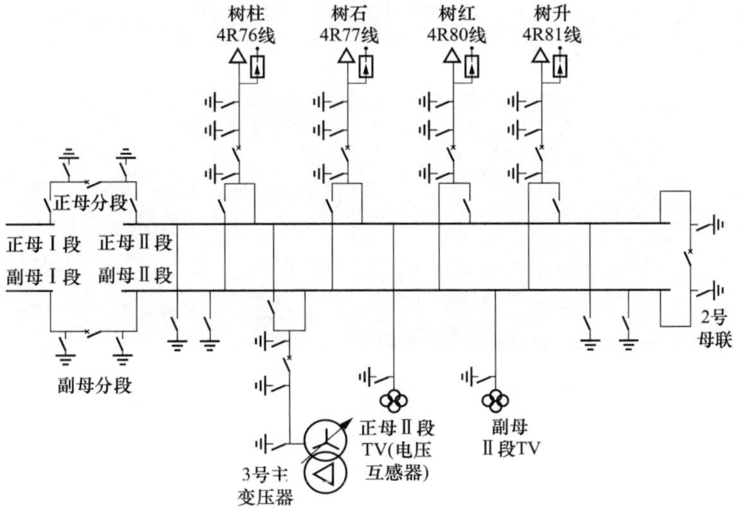

图 2-17　间隔启动过程接线方式

案例：跳闸经过。3 月 23 日 15：35，某站 500kV 来 ZJ 线 A 相跳闸重合不成功，保护正确动作。来中甲线故障同时，500kV 溯来 I 线主保护二差动保护动作跳三相（选相为 B、C 相），主保护一仅启动。图 2-18 为该站 500kV 接线图。图 2-19 为第二套短引线保护接线情况图。

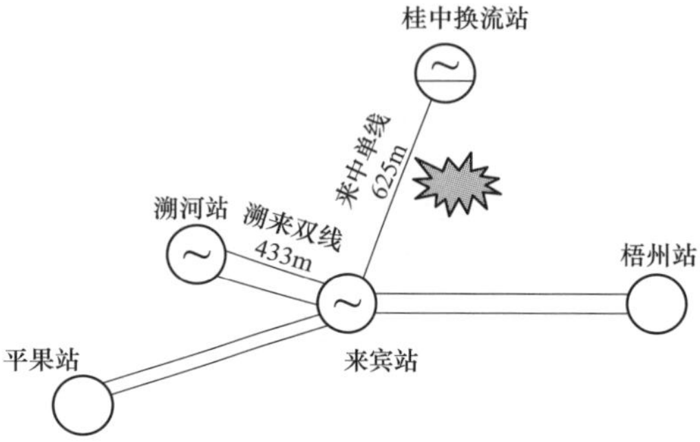

图 2-18　其站 500kV 接线图

图 2-19　第二套短引线保护接线情况图

通过波形分析，500kV 来 ZJ 线故障时，SL I 线主保护二电流存在异常（无零序电流且 A、B、C 三相电流发生畸变，如图 2-20 所示）。进一步排查发现，SL I 线短引线保护屏中第二套短引线保护 2-10ID：17 端子排（见图 2-21）的外侧端子因压接螺栓磨损导致压接不紧，造成 N 线虚接。图 2-22 为引线保护屏中滑丝的端子排图。

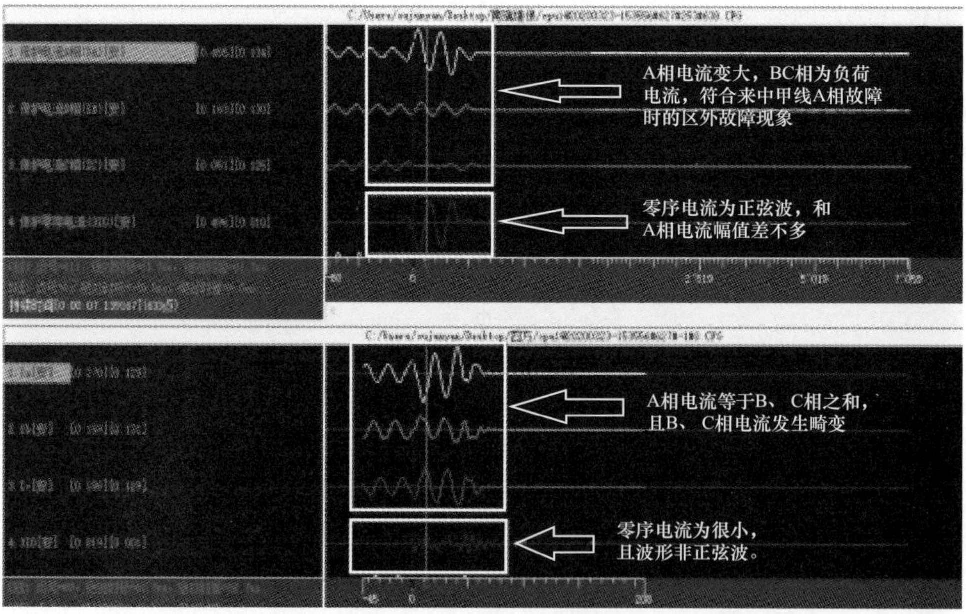

图 2-20　SL I 线主保护一、主保护二波形对比图

根据 SL I 线主保护二录波，A、B、C 三相差动电流分别为 0.2598、0.2871、0.2598A，三相制动电流分别为 0.9141、0.2324、0.2871A，B、C 相分相差动保护满足动作条件（差动动作电流定值为 0.24A），B、C 相差动保护动作。

故障原因分析：SLI 线短引线保护于 2011 年 5 月投运，共经历 4 次停电维护，在多次紧固后出现螺杆磨损，造成 N 线端子压接不良，区外故障时装置采样异常，导致保护不正确动作。

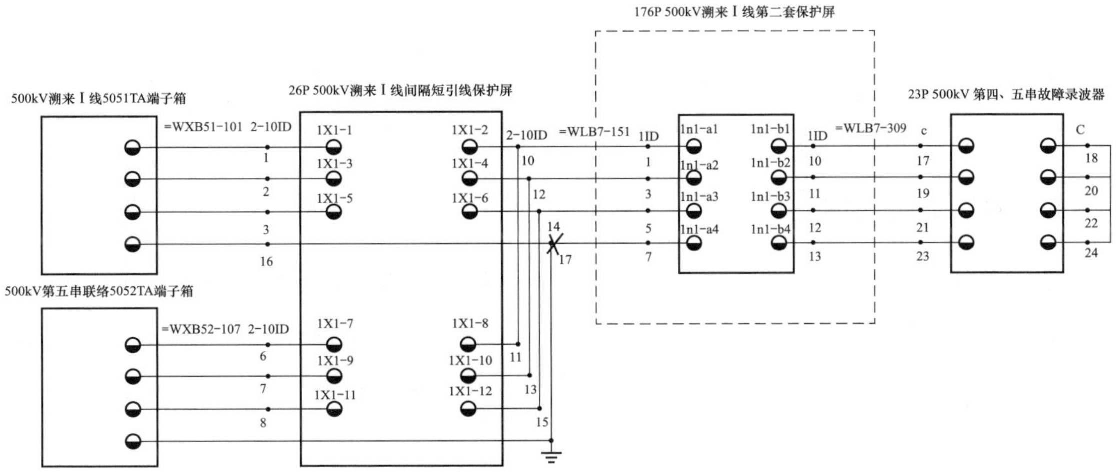

图 2-21　LI 线主保护一、主保护二波形对比图

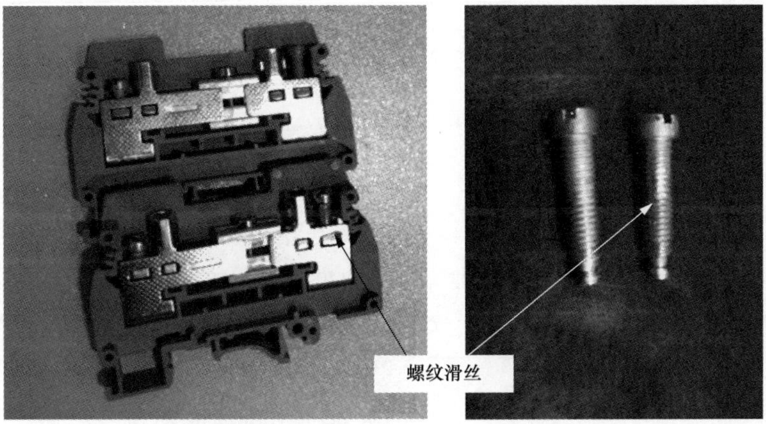

图 2-22　引线保护屏中滑丝的端子排图

暴露问题：①工作人员经验不足，在开展端子紧固时未能有效发现端子存在滑丝无法紧固的隐患；②现场端子紧固作业方法有待完善，在完成端子紧固作业后，没有正确地通过拨动电缆、外部观察等方式确认线缆接线。

（4）电流互感器等电位点安装要求。

近年来，110kV 及以上电压等级电流互感器（TA）的故障率有上升趋势，特别是 500kV TA 的故障率更高。在实际电力系统中已连续发生多起 500kV TA 绝缘击穿故障，直接导致变电站高压母线对地短路。如南方电网某 500kV 变电站在 24s 内连续发生 4 台 500kV TA 对地绝缘闪络故障，导致所在变电站母线与主变压器保护跳闸停运，造成该地区电网与省主网解列，给电网的安全稳定运行带来巨大影响。数据统计表明，2006 年 1 月 1 日至 2012 年 6 月 30 日，南方电网范围内共发生 500kV TA 故障 16 起，损坏 TA28 相·次。相比其他 500kV 设备，TA 处于较高的故障率。其居高不下的故障率及缺陷率严重影响电网的安全稳定运行。

TA 故障时，只需一个间隔（如线路、主变压器、母线等）跳闸就可以将故障 TA 隔离，但由于设计、安装等考虑不周，TA 故障时，经常导致多条线路（或者主变压器、母线等）同时跳闸，且有可能导致故障隔离时间长，使系统稳定运行风险增大。

2.4.2 电压回路

变电站中用电压互感器将一次侧交流高电压转换成可供测量、保护或控制等仪表或继电保护装置使用的二次侧低电压。电压互感器的一次绕组与需测量、保护或控制的电路（如母线或变压器）并联，二次绕组与测量、保护或控制装置的电压线圈连接，使一、二次侧高压、低压电路互相隔离。

根据结构原理不同电压互感器可分为电磁式和电压式。电容式电压互感器由电容分压器和电磁单元（电磁式电压互感器）组成，电容分压器是由若干只电容器串联组成的，接于高压导线与地之间。从电容分压器适当位置引出的中压端子与电磁单元连接。

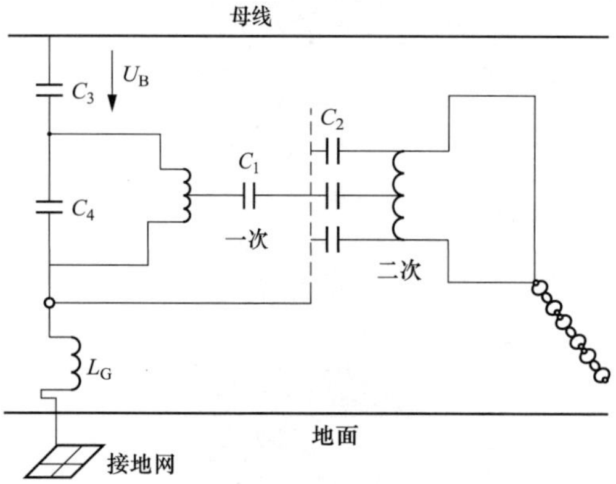

图 2-23　干扰路径图

当高压断路器操作时，在高压母线上将产生高频暂态电压，有可能通过 CVT 对二次电缆的末端产生电磁干扰。其干扰机理与通过电流互感器基本相同，除了 CVT 是通过 CVT 的分压电容及接地引线电感的作用之外。干扰路径电路如图 2-23 所示。

图 2-23 中 C_3、C_4 为分压电容，U_B 为 CVT 在母线引入点的暂态电位。L_G 为引线电感，Z_G 为接地网阻抗，C_2 为电流互感器二次绕组与电流互感器屏蔽层之间的寄生电容。Z_0 为长为 L 的二次电缆的波阻抗，二次电缆的末端负载阻抗（即保护或控制电路的输入阻抗）为 Z_L。则干扰源 U_G 可表示为

$$U_G = \frac{\dfrac{j\omega C_2}{1 + j\omega Z_{IN} C_2} + \dfrac{1}{Z_G + j\omega L_G}}{\dfrac{j\omega C_2}{1 + j\omega Z_{IN} C_2} + \dfrac{1}{Z_G + j\omega L_G} + \dfrac{1}{j\omega C_3} + \dfrac{1}{j\omega C_4}} \tag{2-16}$$

这里测量电路是用于测量一次系统直流和交流电压、电流等物理量的装置和系统。测量电路直接连接一次系统和二次系统，而变电站的正常运行又直接依赖于测量系统，因此，通过测量电路传播的电磁能量对二次系统的影响值得研究。

2.4.3　信号回路电磁兼容防护

微机保护装置的开入回路多采用光电隔离器件或者继电器（现在很少使用），利用光耦器件将源信号转换为 U_0 信号。

开关量输入可采用 24、48、110、220V 电源供电，开关量输入 U_0 信号一般直接进入 CPU 插件，如图 2-24 所示。开关量输入回路很难通过抗干扰试验，即便在试验室通过抗扰动试验，在现场运行中也常出现误动作的情况，因此要采取一系列措施。图 2-24 中加入 C_1 有利于提高高频抗干扰能力；加入 VD_1 是为在干扰未能达到启动值前，保证光耦不会有电流输入；VD_2 是过电压保护。在输出回路上加电容 C_2 有利于消除开入抖动。

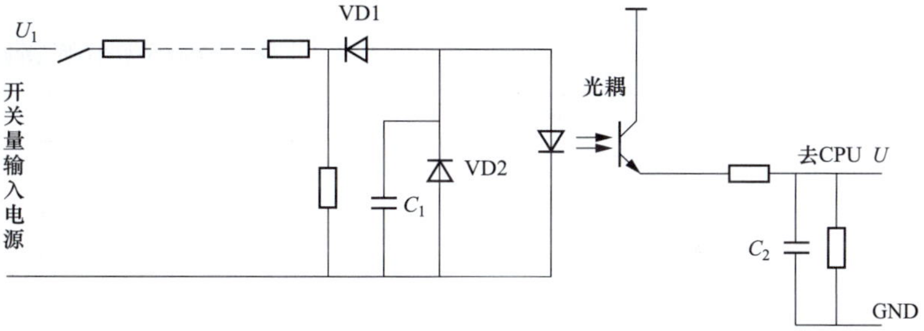

图 2-24　开关量输入回路原理图

开关量输出回路如图 2-25 所示。

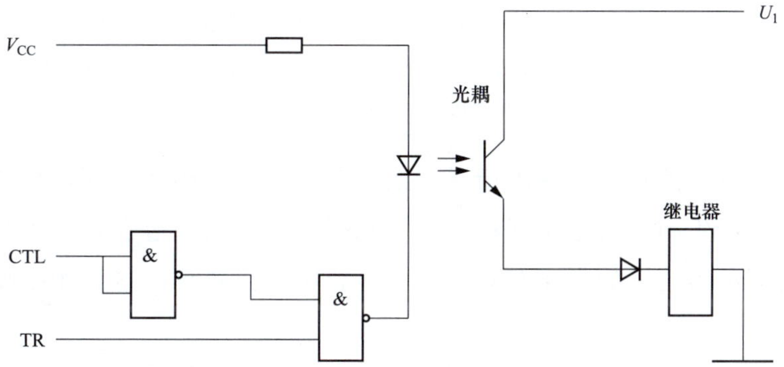

图 2-25　开关量输出回路原理图

大量试验表明，开关量输出回路很容易通过各项抗扰度试验，因此一般不设抗干扰措施。

光耦的瞬态饱和现象

在试验室，对不同厂家微机保护的电源端口、交流电压、电流、开关量输入等端口施加瞬变扰动时，即使开入触点未闭合，其光耦输出也会出现 40～60μs 的电压跌落（输出），这种现象称为瞬态饱和。由于瞬变扰动是周期性出现的，光耦器件也随瞬变而产生周期跌落。

图 2-26 所示为光器件在施加快速瞬变脉冲群干扰时光耦输出波形。其中图 2-26(a) 给出了一个瞬变扰动脉冲对光耦输出的影响。光耦输出经历了三个阶段：正常时的高电平→低电平翻转阶段，大约 4～5μs；低电平阶段（导通或动作），大约持续 40μs；低电平→高电平翻转阶段，大约经过 80μs。图 2-26(b) 为瞬变扰动试验过程中，在 15ms 内含有 75 个干扰脉冲时间内，每隔 200μs 光耦跌落 1 次，即每个瞬变脉冲都造成光耦器件的误输出跌落，产生瞬态饱和现象。图 2-26(c) 为局部放大图，该波形与图 2-26(a) 所示波形完全一致。

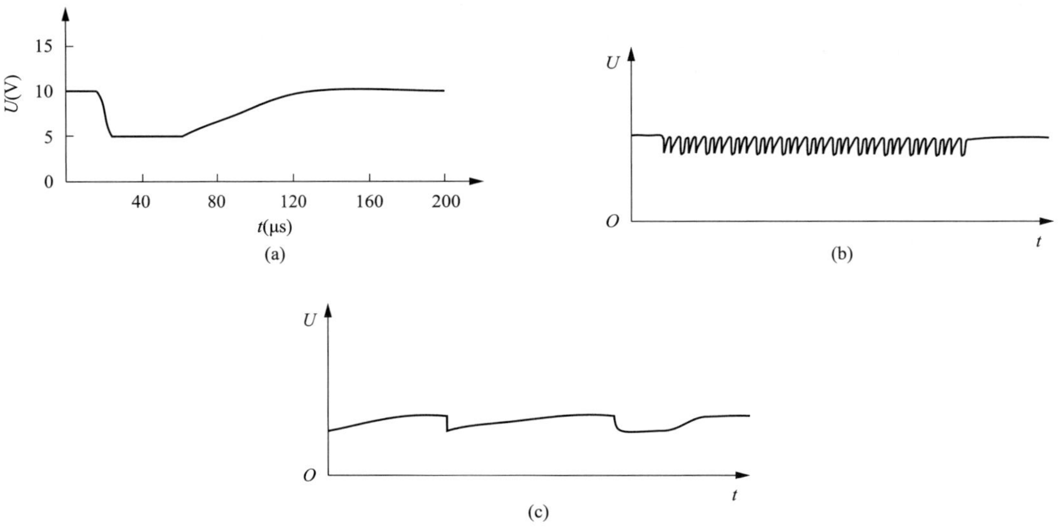

图 2-26　施加快速瞬变脉冲群干扰时光耦输出波形图

(a) 一个瞬变扰动脉冲对光耦输出的影响；(b) 一串瞬变扰动脉冲对光耦输出的影响；
(c) 一串瞬变扰动脉冲对光耦输出影响的局部放大图

光耦瞬态饱和现象使开关量输出错误、接受命令及报文出错、面板误指示，甚至造成保护误动或拒动，产生的原因是光耦器件感受到瞬变扰动信号过强，或者受光耦一次与二次三极管基极之间电容的影响，还有对大地的电容影响。要解决这种干扰要从硬件、软件两方面寻找解决方法。

从硬件方面来讲，要慎重选取光耦型号。尽量选取速度较慢、驱动电流较大、一次和二次杂散电容值小的光耦器件。输入端的工作电源，尽量选择不受或少受干扰的电源，输入端的动作电压和返回电压要合理。光耦器件是敏感器件，设计印制电路板时，做好抗干扰的各项措施。

从软件上来讲，可依靠软件延时，连续多次读取开关量输入信号，确认开关量状态是正确的，以补充硬件的不足，因为干扰是非持续的，可用软件编程躲过瞬变扰动对数字系统的影响。对没有时间限制的开关量输入信号，最简单实用的方法是靠延时来躲过 15ms 的瞬变脉冲。

尽管各厂家对此问题已引起高度重视，但由于运行环境比较复杂，还是有不尽如人意之处。最新产品的输电端电压采用保护本体48V电源供电，动作电压为额定电压的62%，还有待在实践中验证。另外还备有220V/110V的强电输入回路，以方便用户使用。关于这方面的事故是比较常见的，但因与运行系统关系不大，所以本书也没有介绍。

2.4.4 断路器控制回路

1. 断路器的控制回路

在发电厂和变电站中对断路器的跳、合闸控制是通过断路器的控制回路以及操动机构来实现的。控制回路是连接一次设备和二次设备的桥梁，通过控制回路，可以实现二次设备对一次设备的操控，实现低压设备对高压设备的控制。

根据操作时相对断路器距离的远近，可分为就地操作、远方操作、遥控操作。就地通过开关机构箱本身操作按钮进行的操作为就地操作。有些开关的保护设备装在开关柜上，相应的操作回路也在就地，这样通过保护设备上操作回路进行的操作也是就地操作。保护设备在主控室，在主控室进行的操作为远方操作。通过调度端进行的操作为遥控操作。

2. 控制回路的反措要求

（1）跳闸出口继电器的启动电压不宜低于直流额定电压的50%，但也不应过高，以保证直流电压降低时的可靠动作和正常情况下的快速动作。对于动作功率较大的中间继电器（例如5W以上），如为快速动作的需要，则允许动作电压略低于额定电压的50%，此时必须保证继电器线圈的接线端子有足够的绝缘强度。由变压器、电抗器气体保护动作的中间继电器，因连线长，电缆电容大，为避免电源正极接地误动作，应采用较大启动功率的中间继电器，但不要求快速动作。

（2）断路器跳（合）闸线圈的出口触点控制回路，必须设有串连自保持继电器，并保证跳（合）闸出口继电器的触点不断弧，断路器可靠跳、合闸。

（3）对于单出口继电器，可以在出口继电器跳（合）闸触点回路中串入电流自保持线圈。并满足如下条件：

1）自保持电流不应大于额定跳（合）闸电流的50%左右，线圈压降小于额定值的5%。

2）出口继电器的电压启动线圈与电流自保持线圈的相互极性关系正确。

3）电流与电压线圈间的耐压水平不低于交流1000V、1min的试验标准（出厂试验应为交流2000V、1min）。

4）电流自保持线圈接在出口触点与断路器控制回路之间。

采用这种接线方式的原因一是电压线圈和电流线圈之间不存在电位差，不易击穿；二是电压线圈与电流线圈之间击穿时，不会引起跳闸。

有多个出口继电器可能同时跳闸时，宜由防止跳跃继电器 KBJ 实现上述任务，防跳继电器应为快速动作的继电器，其动作电流小于跳闸电流的 50%，线圈压降小于额定值的 10%，并满足上述条件。

（4）不得采用晶闸管跳闸出口的方式。

（5）两个及以上中间继电器线圈或回路并联使用时，应先并联，然后经公共连线引出。检查测试带串联信号继电器回路的整组启动电压，必须保证在 80%直流额定电压和最不利条件下分别保证中间继电器和信号继电器都能可靠动作。

（6）带串联信号继电器的一个跳闸回路，为了增加出口触点，并接了几个中间继电器，首先注意选并接的中间继电器型号要相同，这样继电器内阻相同，动作电压也一致（在并联回路上各点电压相等）。然后测出所并接中间继电器的总电阻，在额定电压下选回路中串联信号继电器的内阻，同时注意在 80%的额定电压下该回路必须可靠动作。

（7）跳闸连接片的开口端应装在上方，接到断路器的跳闸线圈回路，应满足以下要求：连接片在落下过程中必须和相邻连接片有足够的距离，保证在操作连接片时不会碰到相邻的连接片；检查并确保连接片在扭紧螺栓后能可靠地接通回路；穿过保护屏的连接片导电杆必须有绝缘套，并距屏孔有明显距离；检查连接片在拧紧后不会接地。不符合上述要求的需立即处理或更换。

3. 断路器异常动作事件案例分析

（1）事故情况。500kV 变电站 50621 隔离开关分闸过程中，联络变压器 220V 断路器 28A 三相跳闸，28A 断路器操作箱 TC2 插件 TC 灯亮，TC1 插件无信号。除主变压器保护有启动信号外，其他所有保护均没有动作。监控系统与本次事故有关报文如下：

13：49：55　500kV 5062 断路器 50621A 相隔离开关拉开；

13：49：55　500kV 5062 断路器 50621B 相隔离开关拉开；

13：49：55　500kV 5062 断路器 50621C 相隔离开关拉开；

13：50：05　主变压器测控中压侧 28A 出口跳闸；

13：50：09　联络变压器保护小间直流分屏馈线小开关脱扣；

13：50：09　联络变压器保护小间直流系统发生故障；

13：50：26　联络变压器保护小间直流绝缘降低；

13：50：47　直流屏绝缘发生故障；

13：59：09　联络变压器保护小间直流绝缘降低故障消除；

13：59：19　直流屏 2 绝缘正常。

另外，运行人员检查现场发现 500kV 第 6 串单元测控柜 4-32DK 直流空气小开关跳开（接于Ⅱ段直流系统），在此小开关的上一级分屏直流馈线小开关（联络变压器保护小室内）也跳开。

（2）事故调查与分析。

1）现场事故检查。事故后对现场进行了全面检查，发现28A断路器TC2插件内的第二组跳闸继电器2IKTR′、22KTR′、23KTR动作电压偏低，只有70V左右，并且没有发现有任何寄生回路、绝缘降低或屏蔽不合规范等问题。调取站内其他设备年检报告，站内其他断路器的出口维电器动作值都在110V（50%额定电压）以上。

分析故障记录，发现故障时Ⅱ段直流系统出现了很多直流系统故障、绝缘降低的信号。后对直流系统进行检验，各段直流系统绝缘完好，不存在接地或短路，28A断路器跳闸回路也接在Ⅱ段直流系统，可能是操作隔离开关时，有干扰信号串入直流系统。

2）事故再现试验。为了证实这个假设，进行了事故再现实验，在28A断路器第二组跳闸回路接入一台录波仪，多次操作站内在停用状态下的500kV系统隔离开关（50621隔离开关在运行，不能停电），希望能捕捉到高频干扰信号，但拍到的高频干扰量很弱，不足使串口继电器动作。

图2-27　隔离开关辅助触点外观图

把重点转到50621隔离开关与二次回路的联系上，之间的联系并不多，只有几个辅助触点，通过电缆分别接入电气闭锁回路（220V交流）和测控装置隔离开关采集系统。故障时，此测控装置的直流空气开关也跳闸，对回路进行检测，未发现接线错误，但测控装置所取用的辅助触点（801-809）与隔离开关电气闭锁的辅助触点（8830-8829）正好相邻，50621隔离开关采用施耐德公司DOH-500型，它的辅助触点不是全封闭的，如图2-27所示，是开放的一叠限位开关，限位开关的触点之间空间距离非常近，如图2-28所示。

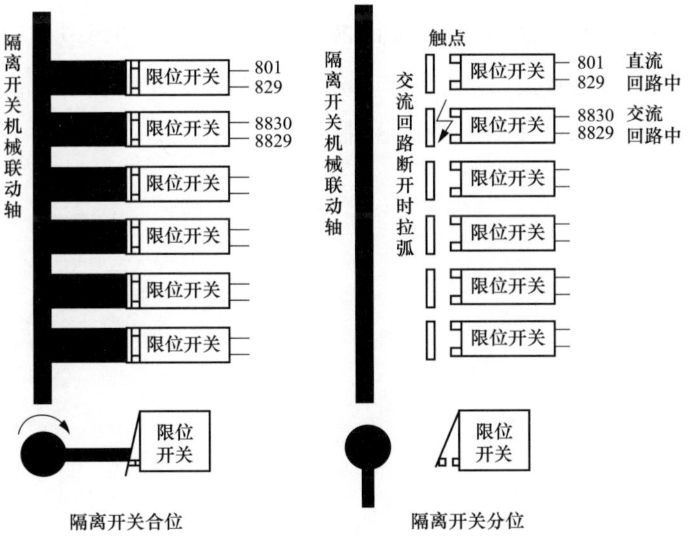

图2-28　隔离开关辅助触点位置图

申请操作50621隔离开关，再次试验，在50621分闸操作时，8830-8829触点处有明显的电弧放电现象。断开直流电之后，在 801 和 829 之间接入一个小灯珠，再次操作隔离开关时，灯珠闪亮并立即烧毁。其后记录相邻集合触点上的感应干扰电压，数字万用表交流挡测试数据见表 2-11。

表 2-11　　相邻触点被干扰时的电压测量表

触点	相邻触点	相邻第二个触点	相邻第三个触点	相邻第四个触点
干扰电压峰值	112	48	7	0.4

3）事故分析结果。本次事故直接原因是在设计中没有考虑交流触点断弧时对直流回路触点的快速瞬变电磁干扰问题，触点空间间距太小，造成了联络变压器 220kV 断路器误跳闸。

事后对相关设备进行了普查，发现 ALSTOM、SPV、SPO2T 的同类设备均存在同样问题。

（3）改进措施。

1）改动 8830-8829 触点与 801-809 触点的间距，减小交流回路触点转换产生的电弧对开关量的快速瞬变干扰，消除或减小高频干扰信号串入直流回路，保证直流系统正确工作。与此同时，通知设计部门在今后的工程设计中作改进，两个区域之间要有数个触点间隔。或交、直流回路作分区处理，保证此类干扰事故不再重现。

2）今后在隔离开关的选型中，要向供货商提出此问题，要求隔离开关辅助触点最好有抗干扰措施。

3）提高跳闸出口继电器动作电压，加强出口继电器抗干扰能力。严格执行《国家电网公司十八项电网重大反事故措施》（试行）继电保护专业重点实施要求 6.7 节要求“直接跳闸的重要回路应采用动作电压在额定直流电源电压的 55%～70%范围以内的中间继电器，并要求其动作功率不低于 5W”。这项要求不仅能有效防止直流接地造成的断路器误跳闸，同时能有效防止这种快速瞬变干扰造成的误跳闸事故。

第3章 骚扰源及其特征

本章主要介绍了可能的骚扰源，包括高压和低压设备、通信系统和自然大气现象；同时还从幅度、频率和持续时间等方面对骚扰源进行了特征分析。

3.1 典型骚扰源

（1）可能影响发电厂、变电站和控制中心等电力设施辅助系统的典型骚扰源如下：

1）高压回路中断路器或隔离开关操作引起的电气暂态现象；

2）高压回路中绝缘击穿或避雷器和火花间隙放电引起的电气暂态现象；

3）高压装置产生的工频电场和磁场；

4）接地系统中短路电流引起的电位升高。

（2）除了上述电气设备所特有的骚扰源外，来自其他方面的主要骚扰源还有：

1）雷电引起的电磁暂态现象。这类现象在其他装置中也会出现，尤其是存在于接地的高压结构设施和电力线路；

2）低压设备开关操作引起的快速暂态；

3）静电放电。

3.2 高压电路中开关设备分合操作引起的暂态现象

发电厂和变电站中断路器和隔离开关的分合操作会产生电磁干扰，这是因为此类操作会在开关设备触头位置产生电压突变 ΔU，如图 3-1 所示。

对于相同的 ΔU，突变时间 Δt 主要取决于断路器触头之间的距离，其范围从 GIS 变电站的几纳秒到 AIS 变电站的几十或几百纳秒不等。

3.2.1 隔离开关操作引起的电磁干扰

隔离开关分合操作中，在操作时间（几十毫秒到几秒）之内可能发生多次（5000 次或更多）电压突变（重燃），电压突变 ΔU 的数值可高达 2（标幺值）。电压突变 ΔU 将在回路中产生电压和电流的阻尼振荡（重燃情况下引发系列振荡）。电流的初始值（峰值）与 ΔU 和回路的波阻抗之间的比例成正比。对于 115～500kV 系统，波阻抗与系统电压基本无关。

因此，可认为峰值电流与系统电压成正比。阻尼振荡波的波形中，起始斜坡的陡度与突变持续时间相关，而振荡频率则取决于电路特性。AIS 变电站里典型频率范围为几十千赫兹至几兆赫兹，而 GIS 变电站的典型频率范围为几十兆赫兹。电压和电流的振荡波沿母线传播，产生电磁场。

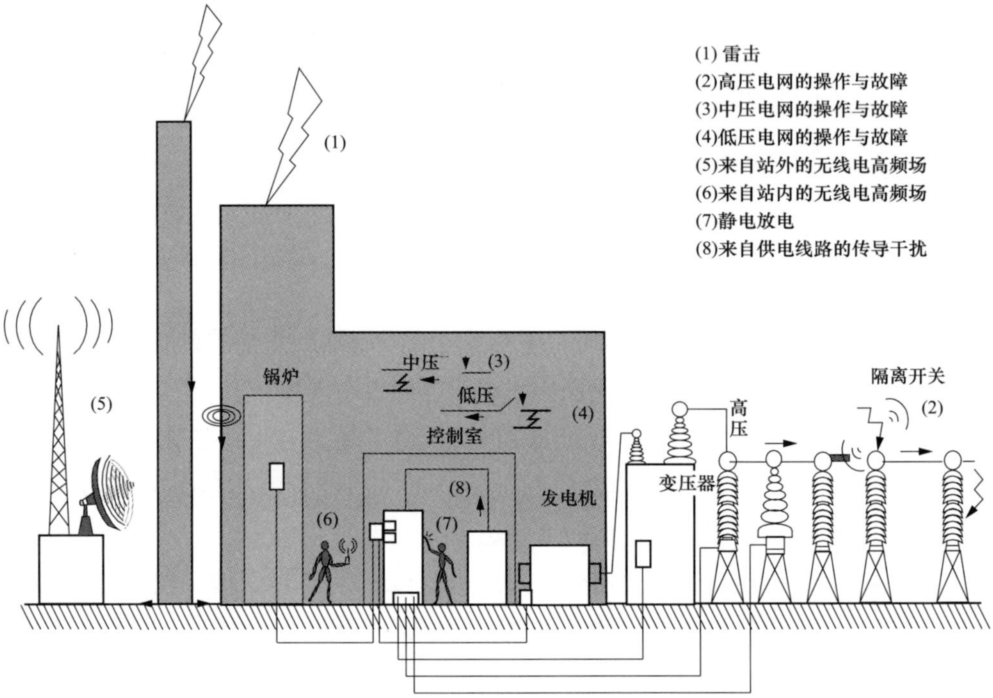

图 3-1　可能影响发电厂及变电站中敏感电子设备和二次系统的骚扰源示意图

（在导则 CIGRE 124 前一版本基础上修改）

例如，某站 500kV 系统接线如图 3-2 所示，其中第 4 串为不完全串接线，无中断路器，50421 隔离开关与 5043 断路器电流互感器之间电气距离为 80m。当天进行 2 号母线由运行转检修操作，5043 断路器已在跳闸位置，当值班人员拉开 50421 隔离开关时，5043 断路器失灵保护装置 SX-91 的死区保护动作，切开 5041 断路器，并发出远跳信号切开蓄增甲线蓄能侧断路器。

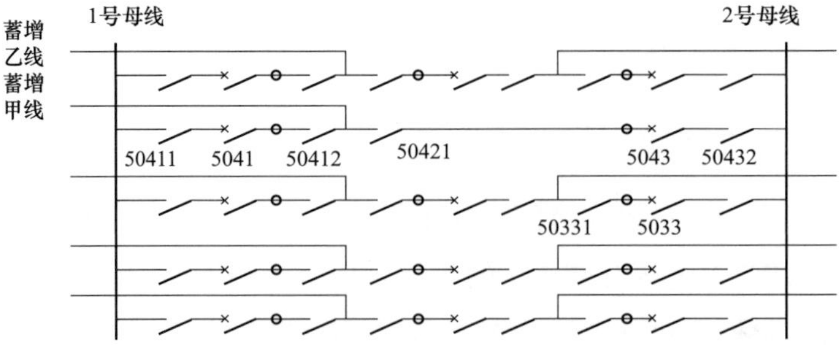

图 3-2　某站 500kV 接线简图

500kV 蓄增甲线跳闸前，系统运行正常，没有发生短路故障和异常。事故后在现场进行隔离开关操作试验，在正常运行条件下，带电操作空载导线较长的 50421 隔离开关 4 次，5043 断路器死区保护误动 3 次，瞬态记录仪测得二次电流回路存在暂态高频电流和电压信号。

由于 50421 隔离开关与电流互感器之间的距离为 80m，远大于完全串接线的距离，故拉合 50421 隔离开关易产生峰值和频率很高、前沿极陡的暂态电流干扰。由现场测得合上隔离开关时二次回路干扰电流超过 40A，电压超过 16kV，高频衰减振荡频率 1～2MHz，整个暂态过程持续 2s 以上，每 20ms 出现 3～6 个脉冲，单个脉冲持续 20μs，波形如图 3-3 所示。

拉开 50421 隔离开关时二次回路干扰电流超过 20A，电压超过 4kV，单个波头的前沿为 2.5～10ns，高频衰减振荡频率为 1～2MHz，整个暂态过程持续 2s 以上，每 20ms 出现 3～6 个脉冲，单个脉冲持续 25μs，波形如图 3-4 所示。

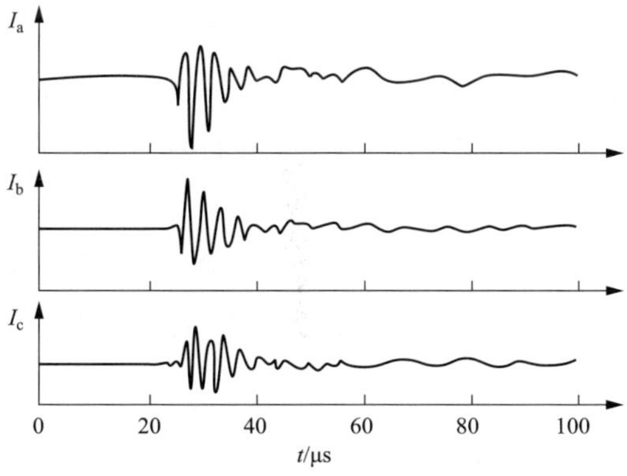

图 3-3　合上 50241 隔离开关的干扰信号

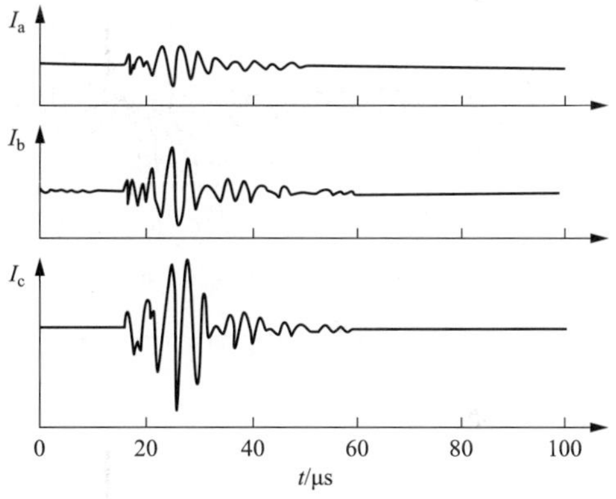

图 3-4　拉开 50421 隔离开关的干扰信号

在总的暂态过程中，当隔离开关触头间距离最远时发生的闪络，将产生最高幅值的单个暂态，这种情况可能会发生在合闸时的第 1 次闪络和分闸时的最后一次闪络，此时对二次设备和回路的电磁干扰最大，最易引起保护误动。

3.2.2　断路器操作引起的电磁干扰

在断路器闭合操作所产生的电压突变 ΔU 通常等于 1（标幺值）的对地工频峰值电压。单相线路故障清除后三相重合闸时，该数值可能达到 1.2～1.3（标幺值）。500kV 系统断路器分合分试验是在无故障接地点的情况下对 500kV 空载线路进行重合闸操作，相当于三相重合闸非故障相的工况，因此一般变电站启动时都会进行合及分合分高压断路器的操作。

断路器操作产生的骚扰电压实测波形如图 3-5 和图 3-6 所示。

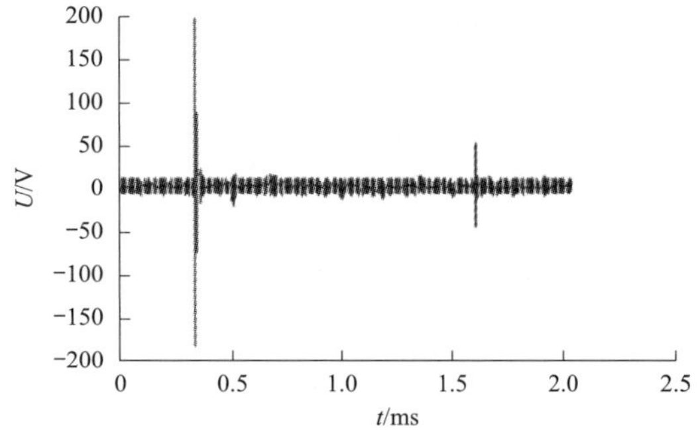

图 3-5　合断路器操作产生的共模骚扰脉冲群

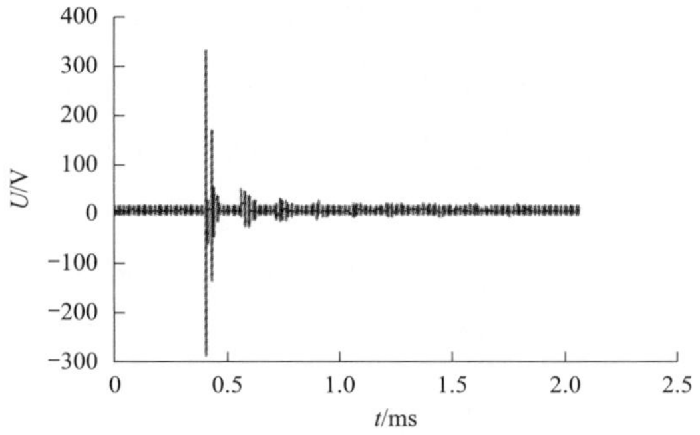

图 3-6　分合分断路器操作产生的共模骚扰脉冲群

图 3-5 和图 3-6 中合、分合分高压断路器产生骚扰信号的持续时间大致相同，均为 1.6ms 左右，远小于分合隔离开关产生骚扰信号的持续时间，且骚扰电压幅值衰减极快。这跟 SF_6 断路器以优良灭弧性能的 SF_6 气体作为灭弧介质、弧隙介质强度恢复过程极快、电弧重燃概率大大降低有关。单个脉冲持续时间在 20～30μs 之间。在分合分断路器操作中，骚扰电压幅值达到 320V，其原因在于分合分试验在断路器第一次分闸时，没有故障接地点，也没有合闸电阻和高压电抗器，短暂时间内，空载长线上的残余电荷通过线路对地电容和回路电阻释放有限。当断路器再次迅速合闸时，如果残余电荷电压与电源电压极性相反，将会在断路器上形成电压的叠加，电源电压将通过回路电感对线路电容反向充电，使暂态过电压幅值达到最大值。之后凭借 SF_6 断路器优良的灭弧性能，骚扰电压幅值急速衰减。

3.3　高压电路中绝缘击穿、避雷器和火花间隙放电引起的暂态现象

绝缘击穿和火花间隙放电都会导致快速电压突变，由此产生与高压断路器操作类似的暂态冲击。随后产生的入地电流将在电力设施中产生工频电压升高。工频电压升高的幅度与击穿电压大致成正比，击穿电压可能远高于断路器的重燃电压。绝缘击穿电压可能达到对地电压峰值的 3～6（标幺值）。这种情况很少见，但会引起非常严重的电磁干扰，特别是对击穿点附近的设备。火花间隙放电通常不像绝缘击穿那么严重，因为火花间隙放电电压较低，且击穿位置相对固定。带火花间隙的避雷器放电过程的高频暂态与普通火花间隙相似。由于避雷器两端电压较低，限制了短路电流水平，所以这些瞬变得幅度一般较低。另外，无间隙避雷器可以从非导电模式平滑过渡到导电模式，不会产生高频瞬变。

图 3-7 是 1100kV 苏通 GIL 综合管廊工程耐压试验电气回路，其耐压采用在南侧套管出

线处加压。在 1100kV 苏通 GIL 综合管廊工程现场耐压试验过程中，内部缺陷引发了三次绝缘击穿。在实际运行中也发生了绝缘击穿事故。

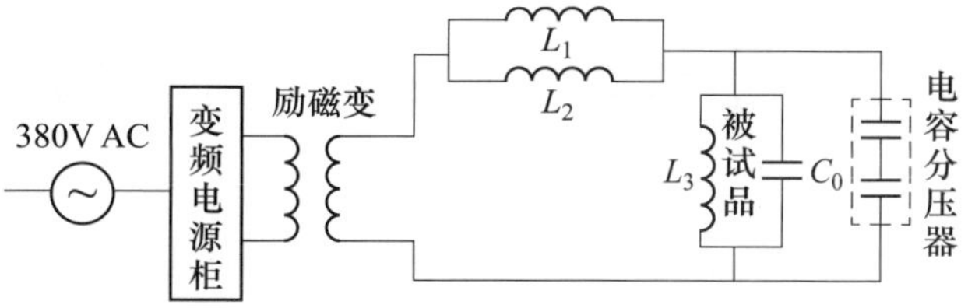

图 3-7　耐压试验电气接线原理

在某相 GIL 耐压过程中，当试验电压升高至 630kV（有效值）时，GIL 设备内部击穿，通过解体检查发现南侧测点以北 1m 处的盆式绝缘子表面闪络。盆式绝缘子闪络时暂态电压监测系统南北测点所记录的故障电压波形如图 3-8 所示。图中记录时间长度为 100ms，预触发点在 20%处，包含了击穿前 20ms 和击穿之后 80ms 之间的电压波形。由在试验瞬时电压为 814kV 时盆式绝缘子表面发生第 1 次闪络，南侧和北侧测点所测电压瞬时跌落。盆式绝缘子第 1 次表面闪络之后，绝缘性能下降，但没有完全接地，此时串联谐振试验系统还没有断开，可以在 GIL 上建立一定电压，约为 100kV。在残压的作用下，故障点又发生了四次击穿。

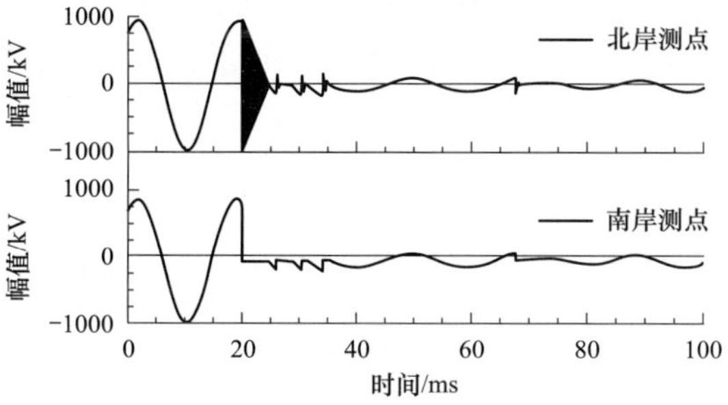

图 3-8　1100kV GIL 耐压中盆式绝缘子闪络时电压变化过程

图 3-9 是第一次击穿闪络时激发的暂态电压完整波形。

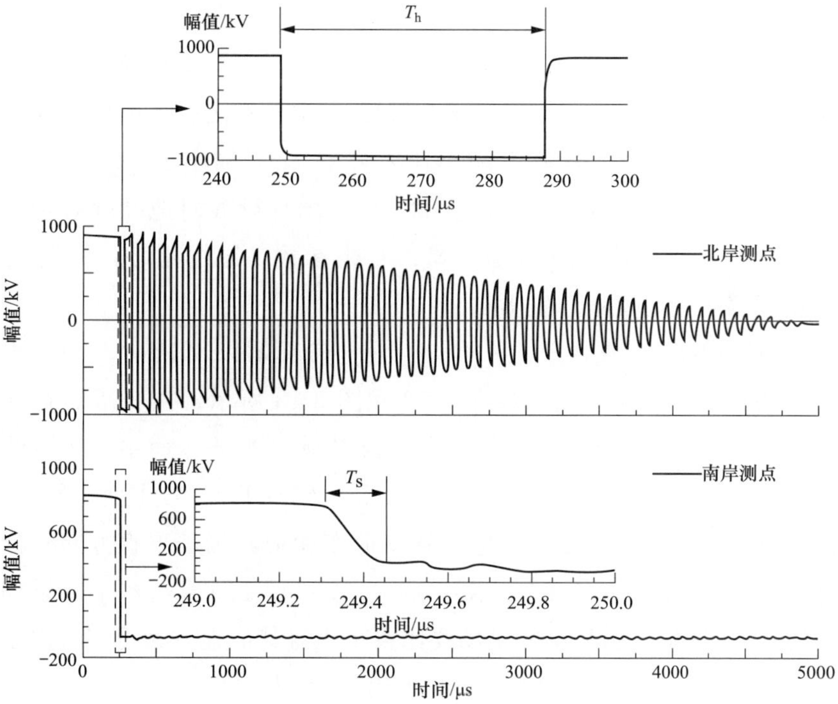

图 3-9　1100kV GIL 耐压时盆式绝缘子闪络产生的暂态电压

3.4 高压装置产生的工频电磁场

3.4.1 高压装置产生的空间工频电磁场测试

电力设施周围存在工频和谐波频率的电场和磁场。给定点处场强的大小分别取决于线路电压和电流以及线路结构（特别是导线对地高度、相间距离、相序布置和回路数量）。下面主要分析 220kV 输电线路导线对地高度这一因素的影响。保持模型 1 导线对地最小距离为 7.5m，检查导线对地高度每增加 2m（即导线对地高度分别达到 7.5、9.5、11.5、13.5、15.5、17.5m）对工频电场、磁场的影响。图 3-10 显示了导线对地高度变化时工频电场、磁场的变化趋势。

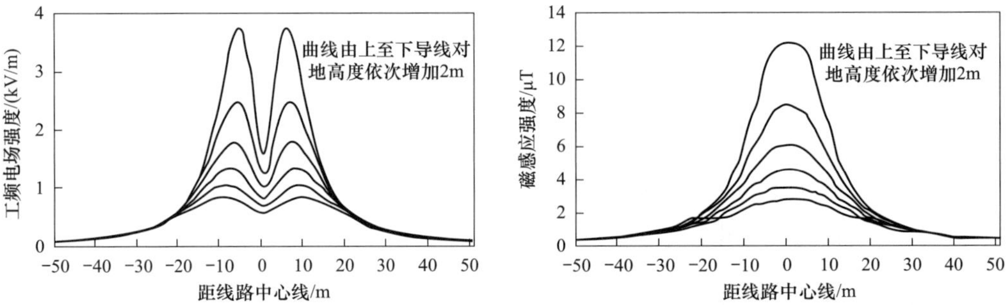

图 3-10 导线对地高度对工频电场、磁场强度的影响

从图 3-10 可以看出，随着导线对地高度的不断抬高，工频电场强度及磁感应强度均相应减小，开始时减小显著，以后减小程度逐渐缓慢。当导线对地高度由 7.5m 提高到 9.5m 时，工频电场强度最大值由 3.73kV/m 减小到 2.47kV/m，减小了 33.8%，磁感应强度的最大值由 12.05μT 减小到 8.38μT，减小了 30.5%。增加导线对地高度对降低工频电磁场的影响是比较有效的。此外，导线布置方式、导线参数、导线相序、相间距离等都会对 220kV 高压输电线路工频电磁场产生影响。

图 3-11 为某自备电厂 220kV 升压站的 3、4 号主变压器以及 110、220kV 开关场的工频电磁场的测量点的具体分布图。测量如图 3-12 和图 3-13 所示，主变压器附近电场强度不大，数量级在 10^{-2}～10^{-1}kV/m，远小于公众暴露限制 5kV/m；而主变压器低压侧工频磁场相对较大，最大达到 6.406μT（3 号主变压器）、5.658μT（4 号主变压器），但是其远远小于公众暴露限制 100μT；与线路下的电场强度分布相似，仍是垂直方向的分量占优，磁感应强度分布在 1、3 点是垂直分量占主导，在 2、4 点却是垂直与水平分量相当，原因在于 1、3 是高压进、出线端，其周围的磁场要比主变压器其他地方大得多。由于变压器的油箱、构架、底座等金属接地物都有明显的屏蔽作用，所以，同开关场巡视走廊的强度相比，在变压器等油箱附近的工频电磁场强度，通常是同一变电站里各设备旁边场强中的最低者。

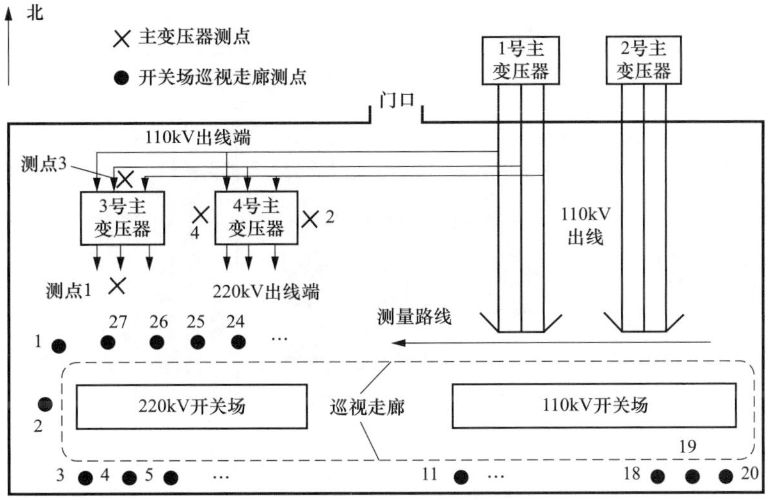

图 3-11　升压站测量布点示意图

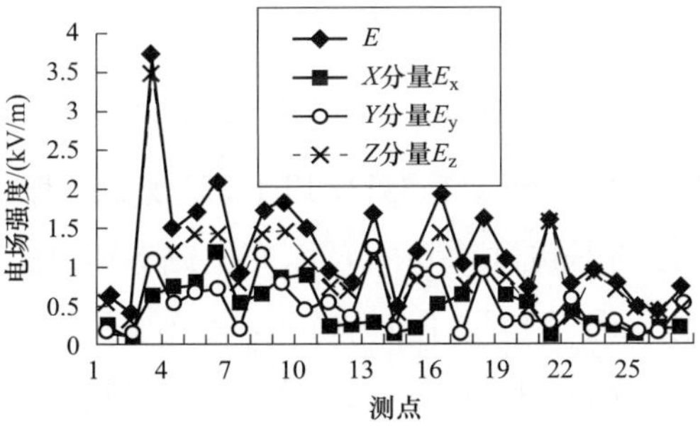

图 3-12　开关场巡视走廊的电场强度分布图

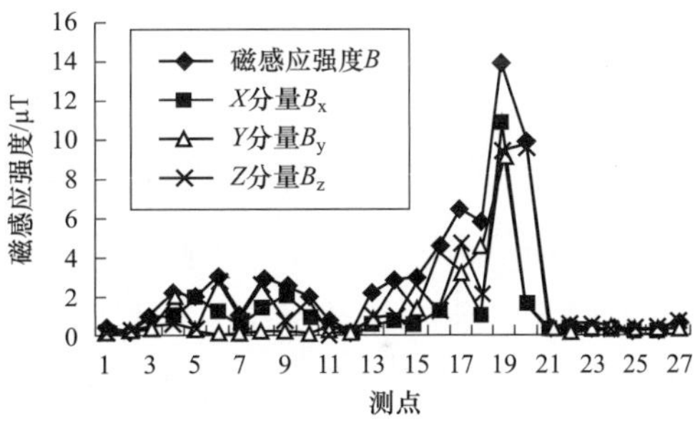

图 3-13　开关场巡视走廊的磁感应强度分布图

所有数据显示：无论是220kV和110kV母线，还是TV级TA处其电场。磁感应强度均未超过公众暴露限值，升压站巡检人员可以安全放心工作。

电抗器工频电磁场的影响分析

某变电站SVC在运行期间，电抗器工作电流达3000～4000A，由于采用无磁芯的空心电抗器，周围空间磁力线发散，磁场能量高且离地面较近，如图3-14所示，对周围环境的电磁干扰较大。利用磁场测量仪对SVC设备附近区域的空间磁场进行测量。

图 3-14　SVC电抗器现场照片

SVC运行至严酷工况后，测量SVC电抗器围栏周围、水冷系统背后区域、SVC控制保护小室内邻近电抗器侧墙边、SVC控制保护小室内控制保护屏附近空间磁场，测点示意图如图3-15所示，一共16个测试点。

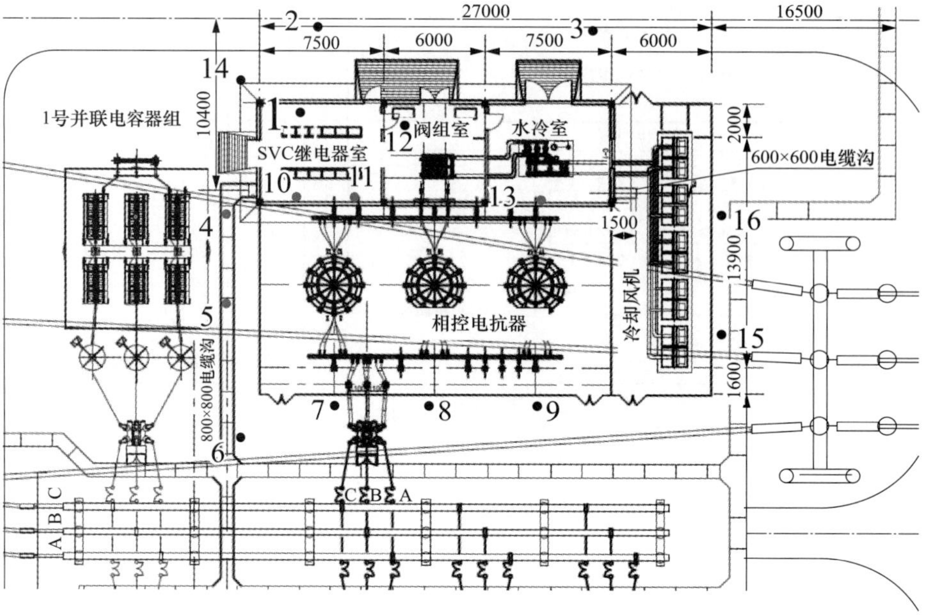

图 3-15　变电站现场磁场测试点

每个测试点都需要对 X、Y、Z 三个方向进行测量，并根据三方向的磁通密度测量该点的磁通密度模。《限制时变电场、磁场和电磁场暴露的导则（300GHz 以下）》规定一般民众生活环境磁场不超过 100μT，职业人员工作环境磁场不超过 500μT，而变电站 SVC 附近在三相电抗器满负荷工作情况下，磁场最强烈的地方已经超过了 1000μT，已经超过规定标准。现场测试中大部分区域磁场强度低于 500μT，靠近护栏的 4、5、7、8、9 测试点由于距电抗器较近，磁场值都已经接近或超过 500μT，其中位置 4 距小室内部变压器最近，磁场最高到达 1572μT。保护小室中，磁场分布相差较大，远离电抗器墙面磁场大小在 200～400μT 在之间，而靠近电抗器墙面磁场大小能够达到 800～1000μT，说明保护小室的磁场屏蔽效果并不明显。

3.4.2　工频电磁场对地网的影响

变电站 SVC 系统占地面积为 612.9m^2，其三相空心电抗器下面存在着 2×2 个方形主接地网格，每个网格为 10m×10m，已接近 SVC 电抗器的外形尺寸，在三相空心电抗器产生的强磁场环境下，地下大面积的主接地网将感应出巨大的电流，现场简单模拟测试情况如图 3-16 所示，在 SVC 电抗器围栏外用 100mm 的地线围成环形，测其电流可达 21A。而地网形成的环将比这个模拟的环大 500 倍，而且地网在电抗器的正底下，其流过的电磁场强度将远大于模拟环流过的电磁场强度。

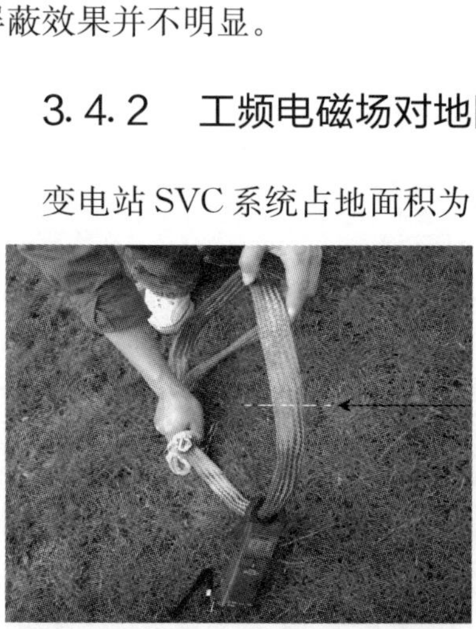

图 3-16　SVC 附近铜环感应电流

现场选择开口较大的钳形表依次对挖掘出的三个位置进行测试，测试结果如表 3-1 所示。

表 3-1　现场主接地网实测电流

测试点	电流/A
位置 1	117
位置 2	249
位置 3	117、74、57

从测试结果可以发现，已发掘的主接地网最大的感应电流能够达到 249A。而主接地网采用的 60×6 接地扁钢，其载流量为 540A，虽然目前发现的位置电缆未超过其额定值，主接地网其他位置可能长期处于满负荷甚至超负荷状态，导致地下的主接地网长期发热，加快其被腐蚀的速度，因此有必要研究合适的屏蔽方法来减小接地网感应电流的措施。

从现场挖掘出的主接地网看来，扁钢并未受到很严重的腐蚀。进一步利用红外测温仪分别测量其中两处主接地网的发热情况，发热情况如图 3-17 和图 3-18 所示。

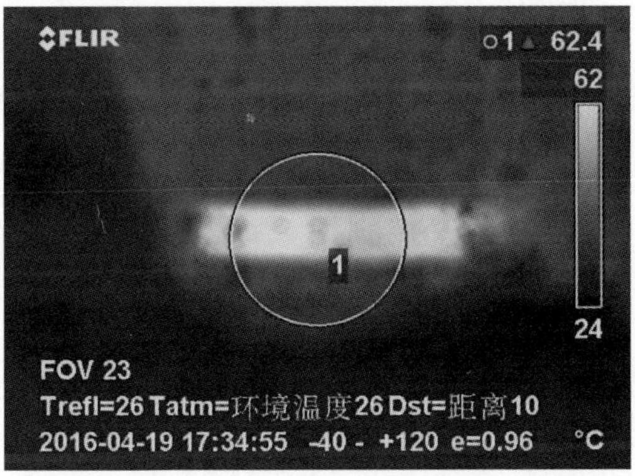

图 3-17　位置 1 处发热情况

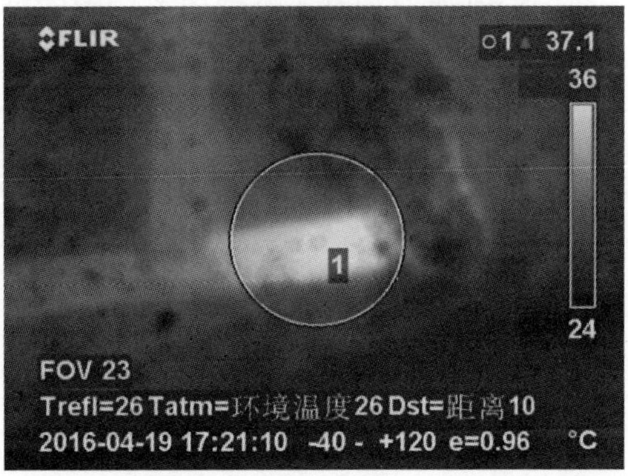

图 3-18　位置 3 处发热情况

进一步长时间对地网温度进行检测，发现温度随时间变化较大，测试结果如表 3-2 所示。其中位置 1 由于电流过大，最高温度能够达到 78.3℃。但观察到位置 1 未受到严重的腐蚀。

表 3-2　主接地网温度

测试点	温度/℃
位置 1	30.2～78.3
位置 2、3	28～39.5

3.4.3　工频电磁场对二次系统的影响

1. 电缆屏蔽层环流测试

该现场测试时只在保护小室敷设有等电位接地网，在现场电缆沟未敷设有二次接地铜排，只敷设了接地扁钢。二次电缆屏蔽线已按照要求两端接地。由于空间工频电磁场较大，

图 3-19　315 号汇控柜直接与主接地网连接

导致电缆屏蔽层环流较大，直流系统共模干扰较大。实测结果：保护小室到 311、312、313、314 号汇控柜的二次电缆屏蔽层均采用双端接地方式，到 315 号汇控柜由于受空间磁场干扰较大，存在较大的感应电流，因此只在保护小室内接地。另外，各二次线路两端接地的对象有所不同，在保护小室端，屏蔽层接在室内的二次接地体上，而在汇控柜端，屏蔽层直接与主接地网连接，汇控柜接地情况如图3-19所示。

2. 屏蔽层发热情况

通过红外测温发现电缆屏蔽层发热点主要集中在屏蔽层接地端处。为了研究发热的根本原因，通过钳形表对各汇控柜内二次电缆的屏蔽层电流进行测试得到数据如表 3-3 所示，其中所测电流值为到某个方向所有电缆屏蔽层的电流和。

表 3-3　　各线路屏蔽层感应电流

线路	汇控柜侧最高温度/℃	至保护小室电缆的屏蔽层电流/A
311 号	36.8	15.62
312 号	32.3	14
313 号	62.9	23
314 号	94	18
315 号	无明显升高	0.75

二次电缆屏蔽层回路的感应电流最大为 23A，其中每根电缆的屏蔽层环流更小，工程中二次电缆的屏蔽层厚度为 0.1mm 直径为 20mm，其屏蔽层额定载流量为 63A，虽然感应电流没有超过标准，但屏蔽层接地点处的接触电阻很大，发热情况较为严重，导致控制箱接地端子发热烧蚀，各种设备的接地位置以及接地金属围栏在都存在不同程度的发热或烧蚀，如图 3-20 所示，其中 314 号汇控柜由于接触电阻较大发热最为严重，已经达到 94℃。由表 3-3 可知，电缆屏蔽层的发热温度并没有和环流成正比，说明其接触电阻的影响较大。因此电缆屏蔽层的接地端的施工工艺需要严格要求，防止接触不良、接触电阻过大等现象的发生。

315 号汇控柜若双端接地至保护小室电缆的屏蔽层总电流能够达到 90A，平均每根到达 10A，实测情况如图 3-21，平均每根电缆的屏蔽层流过的电流高达十几安，对二次电缆的正常工作产生较大的影响。现 315 号采用单端接地电流几乎为零，末端感应电压为 16.42V。

3. 对直流系统的影响

为了解相控电抗器对直流系统电源质量的影响，对某变电站现场展开实地测量，在电抗器附近的直流馈线屏测得的干扰如图 3-22 所示，其中实线通道为正极对地的干扰，虚线通道为负极对地的干扰。

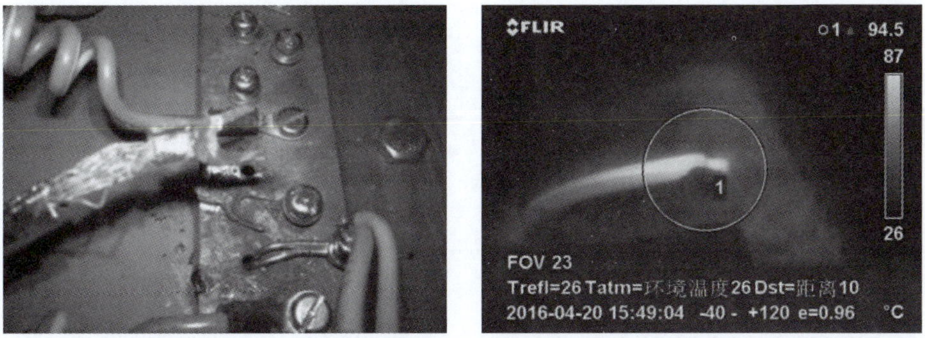

图 3-20　操作箱接地点烧蚀情况

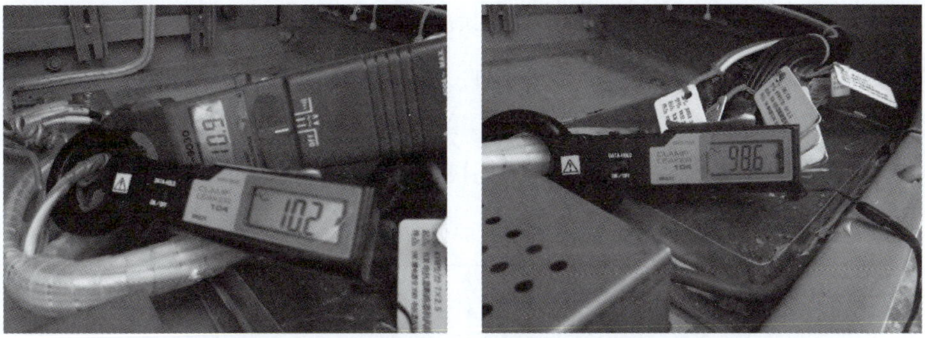

图 3-21　二次电缆屏蔽线接地电流

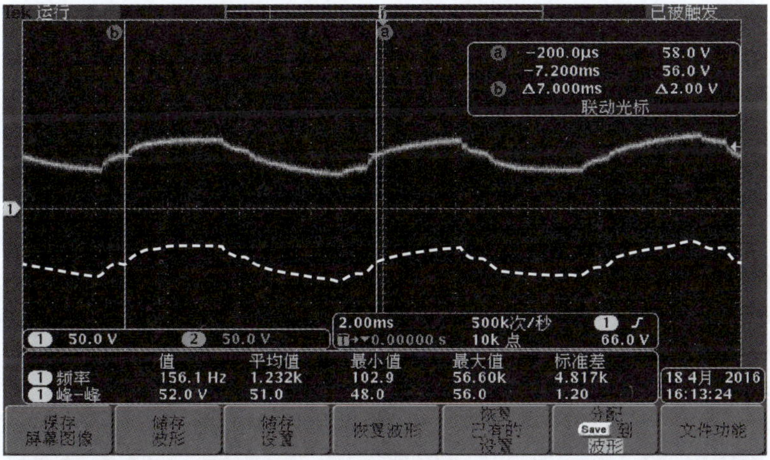

图 3-22　直流系统的干扰的波形

通过对直流系统某时刻的负极对地电压偏移系数进行计算，其系数为 0.46～1.38，详细如图 3-23 所示，已经超出 1.1 的系数要求，引起保护误动风险因数增大。当发生直流系统一点接地时，将可能引起保护误动。

为了分析直流系统不同地方的干扰幅值，在不同的区域选取 5 个点对干扰进行测试。选点位置如图 3-24 所示。其中点 2～5 距离电抗器较近，点 1 距离电抗器较远。

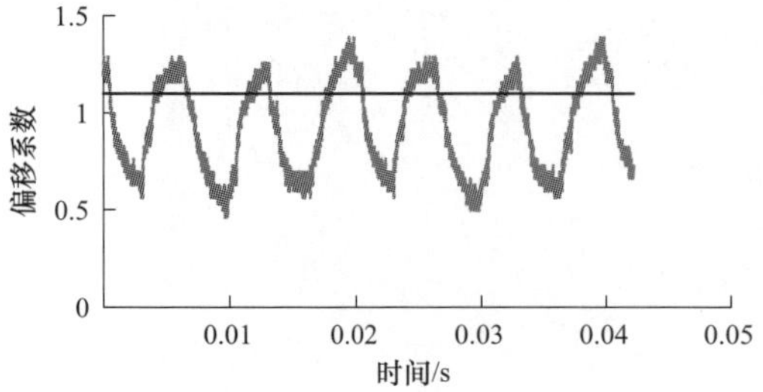

图 3-23　直流系统母线负极对地电压偏移系数分析

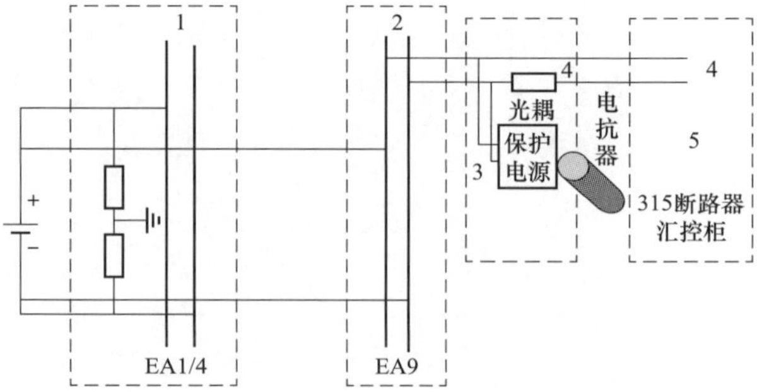

图 3-24　干扰的测试点

干扰幅值及电压偏移系数测量结果如表 3-4 所示，主要以共模干扰为主，差模干扰几乎为零，而且直流系统的母线对地电压偏移系数普遍超出规程要求，且干扰幅值与电抗器的距离关系较强。为了分析干扰对保护装置的实际影响，共模干扰转换成差模干扰的情况，测试运行中保护装置开关量信号输入光耦两端的电压，其波形如图 3-25 所示，其峰-峰值高达 21.6V。在直流系统一点接地时，将可能引起保护频繁误动。

表 3-4　　共模干扰的分布特性

测试点	电压偏移系数	共模干扰峰峰值/V	共模干扰有效值/V
1	1.03～1.26	12.4	2.71
2	0.64～1.43	43.2	12.67
3	0.64～1.43	43.2	12.67
4	0.58～1.42	52	13.68
5	0.58～1.42	46	9.22

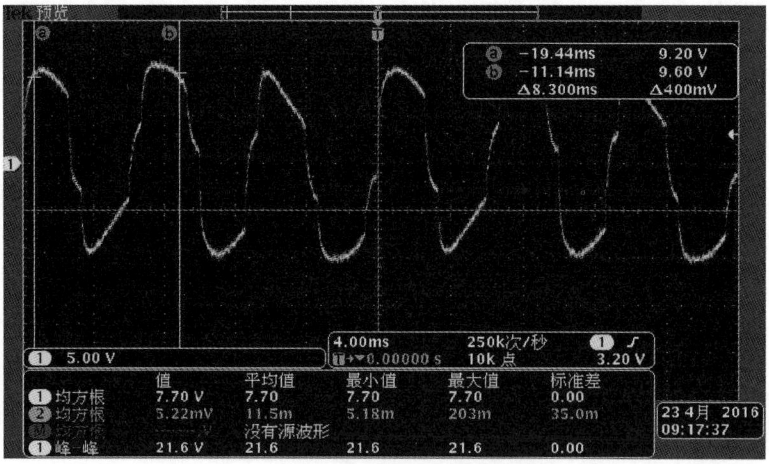

图 3-25　光耦两端干扰的波形

3.5　雷电引起的电气暂态现象

由于雷击电流在绝缘配合研究中的重要性，学术界对雷电流特性参数开展了长期研究。

目前，已获取了可靠的正极性雷和负极性雷的基本参数（幅值、陡度、发生频度等）。从电磁兼容方面考虑，雷电对电力设施的影响可能有三种形式，如图 3-26 所示。雷击的不同路径以及随后产生的电磁干扰（Vm1、Vm2、Vm3）对电气建筑和设备的影响，主要与以下耦合机理有关。

（1）电力设施附近发生雷击，构件未直接遭受雷击，雷电流产生的电磁场对设备的直接影响。

（2）电力设施构件（如电力线路、接地导体等）直接遭受雷击，由此产生的电流与设备之间的耦合。

（3）雷击产生的电磁场与电力线构件的耦合，随后构件中的雷电流又与设备进一步耦合。

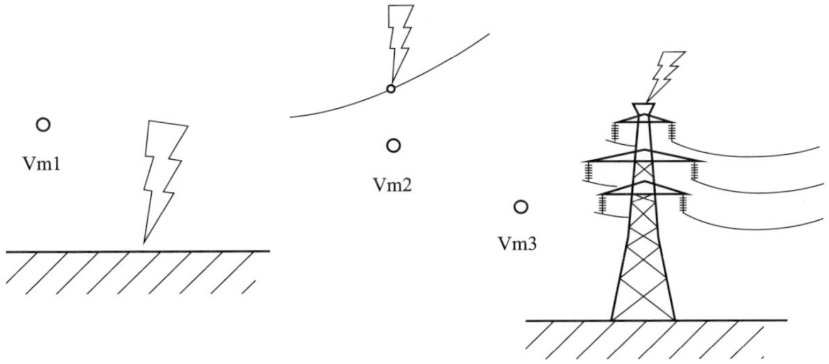

图 3-26　影响电气构件和设备的三种雷击场景

对于电力线路，第 2 和第 3 种机理，其构件中产生暂态电流的波形和幅值不同。波沿结构传播以及构件与设备之间的耦合是相似的。

3.5.1　雷击的直接辐射影响

对于涉及机理 1 的现象研究，主要是针对地闪回击电流进行了研究，回击电流的特点是携带的能量很大。图 3-27 给出了距离雷击点和回击点 5km 和 50km 处同时测到的电场和磁场。根据研究，雷击产生的电磁场具有以下主要特征：垂直电场分量 E_v 和水平磁场分量 H_h 分别比水平分量 E_h 和垂直分量 H_v 大十倍或更多；垂直电场分量 E_v 和水平磁场分量 H_h 波形的起始斜率都非常陡，随后是缓慢下降的突变或冲击响应。

与回击电流无关的电磁场，例如云间放电，产生的电磁场通常比回击电流产生的电磁场低得多。在云间放电产生的场与距离地闪点 10km 处的场相当。因此，它们仅对航空有一定的重要性。除了回击电流或云间放电，电荷复合或先导放电似乎能够在甚高频-超高频频率范围内产生电磁场。图 3-28 展示了 Pierce 曲线，该曲线总结了频域中上述雷电活动产生的电场实测情况。该曲线显示了频率范围为 1kHz～1MHz 的电场（与回击电流有关）和 VHF-UHF 范围（从几十兆赫至吉赫）的电场，可能是由于电荷复合或先导放电。

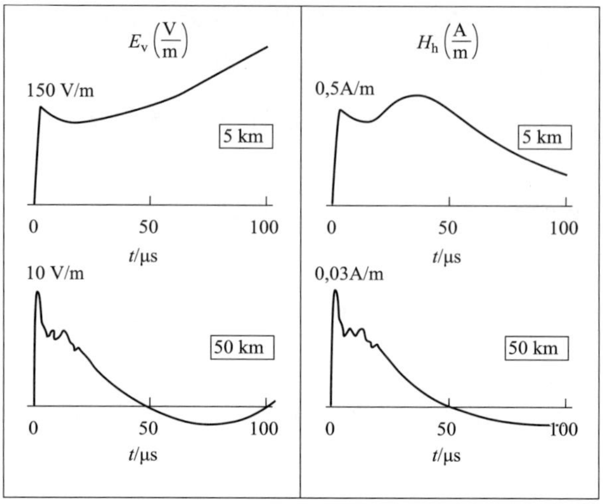

图 3-27　距离回击电流 5km 和 50km 处测得的典型垂直电场分量 E_v 和水平磁场分量 H_h

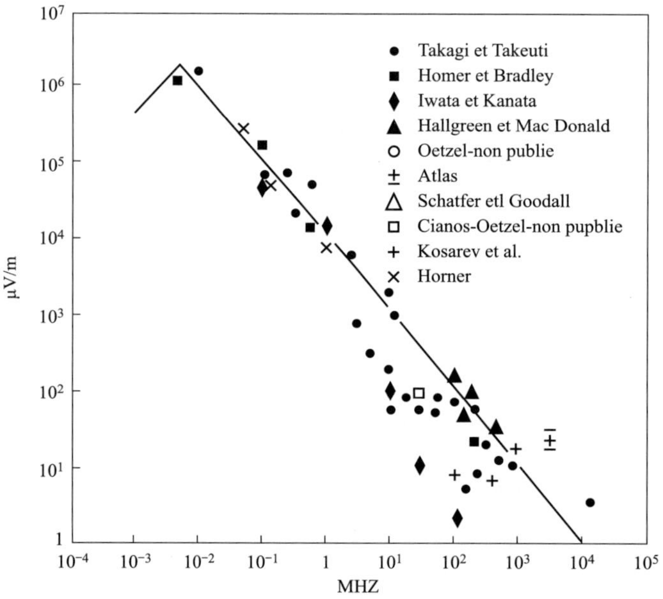

图 3-28　Pierce 曲线（用 1kHz 带通滤波器，在距离 10km 处测到的雷电活动辐射的电场峰值的平均频谱）

3.5.2　直击电力线路及其构件或其他电气设施

1. 直击电力线路

直击电力线路产生沿线路传播的行波。回击路径直接影响线路雷击点的绝缘耐受特性，不影响行波沿线路传播。雷电直击线路相线，电压波的波头和波尾与雷电流的波形有关。波前上升时间非常短，只有几分之一微秒，最大上升斜率可能达到 50MV/μs。反击情况下，雷击塔架或架空地线，随后对相导线造成绝缘击穿时，电压波的波前时间为几十纳秒（对于大间隙可达几百纳秒），波尾持续时间比雷电直击相线小，约 5～15μs。在这两种情况下，电压高于冲击电晕起始电压 U_0 部分的波前的斜率 S 因电晕迅速衰减，经一定距离 d（单位为 m）后斜率降为 S_d。从实用的角度，S_d 可由 S（单位 kV/m^2）计算得出

$$S_d = \frac{S}{1 + AdS} \tag{3-1}$$

式中，A 为畸变参数，约为 10^{-6} μs/（kV・m），取决于起始电压 U_0 和线路导线的几何布局。

电晕畸变的影响很重要。当距离接近或超过 1km，无论雷击点波形的形状如何，波前斜率都将小于 1MV/μs。从 EMC 的角度来看，线路绝缘的击穿更为关键。它通常在波尾处突然截断电压，截断时间为几十到几百纳秒。截断波的斜率不受电晕畸变的影响，其阻尼主要来自线路电阻和电导引起的泄漏效应，在一定距离内几乎保持不变。因此，由于绝缘击穿引起的波尾截断，对连接到线路的终端设备（例如电流互感器的二次绕组）产生的应力比波前高。

雷电直击电力线路所造成的危害是巨大的。例如，2012 年 6 月 14 日 17 时 37 分，东北某石化公司 66kV 电力线路遭受了一次雷电灾害，造成企业自备热电厂东区在运行的 7 台发电机组（2×12MW，1×25MW，4×50MW）停运，3 段 66kV 母线失电，在运行的 5 台锅炉（410t/h，9.8MPa）灭火，外供蒸汽中断，是公司建厂 40 年以来损失最严重的一场灾害。受雷击线路名为化水线，是一条负荷线路，长 25km，线路落雷点在热电厂东区进户线段上。化水线配出间隔及进户线接线单线图如图 3-29 所示。热电厂东区 66kV 配出的化水线进户线段上 B 相（高档）导线遭到直击雷以后，首先引发了进户线路上 B 相（高档）和 A 相（中档）的相间两相弧光短路，之后是三相电流互感器（TA）出线端（L2）的相间弧光短路，最后是化水线配出间隔断路器上口及上引线间的三相弧光短路。直击雷以后的三次短路属于雷电造成的二次灾害。

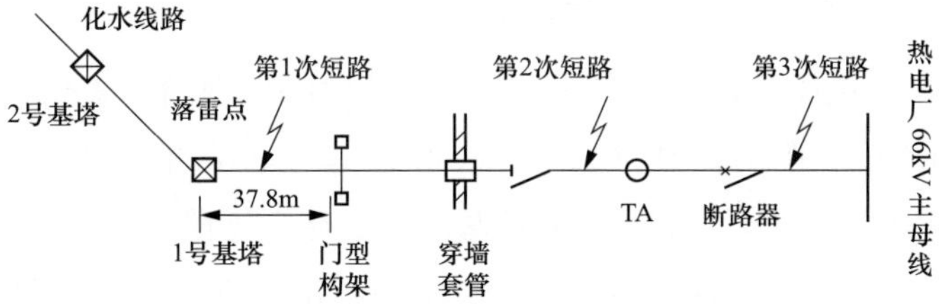

图 3-29　化水线配出间隔及进户线单线图

2. 直击结构物

雷直接击中结构物（建筑物、防雷保护系统的地线或户外变电站的地线）的影响计算通常不考虑回击电流的高频辐射。从 EMC 的角度看，在这种情况下，冲击电流沿被击结构

不同路径的分配，对设备内部或邻近设备的设计起到主要作用。可区分为以下两种主要干扰机理：低频机理，与接地系统电压电位升高密切相关，与雷电流幅值直接相关；高频机理，主要与被击结构的空间布置有关（次重要因素是其接地系统），与雷电流的斜率直接相关。

3.5.3 对输电线或结构物的电磁辐射以及随后与设备的耦合

这种机理对中压和低压配电线路非常重要（作用于低压电网的传导干扰，如由感应过电压引起的中压线路故障电压骤降和短时中断），但对高压线路的重要性小得多。这种耦合的结果是电压/电流波沿线路传播，与雷击高压线路相似。波的幅值大小取决于雷击点与线路之间的距离，随线路高度的增加而增加，并因地线（若有）的屏蔽作用而明显减小。中压和低压线路的过电压幅值经常超过绝缘耐受水平，从而产生绝缘击穿并导致电压截波。在靠近雷击点的线路部分，电压波的波前与直接雷击相似，而波尾时间却短得多，为 5～10μs。前面讨论过的直接雷击导线或反击情况下电晕衰减和绝缘击穿有关现象在此也适用。当结构物尺寸较小时，所积累的电磁能量比电力线积累的电磁能量小。如果设备正确接地，结构物转移到连接或附近设备的干扰低于雷电直接辐射。在这种情况下，结构物起到屏蔽辐射场的作用。

3.6 接地系统中雷电和短路电流引起的电位升

流过接地系统的雷电流和短路电流引起的地电位升高，可能会对自动化和控制系统产生危害。特别是在分布式电子设备情况下，接地系统不同点之间的暂态电位差可能表现为一种明显的骚扰源。电位升高可以分为两个不同的阶段：①过程开始时的暂态阶段，它通常是持续时间较短的快速暂态（微秒级）；②随后，接近由直流或工频激励的稳态阶段。

3.6.1 接地系统中的暂态电压

接地系统中的瞬态电压可以通过可视化方式绘制为 3D 视图，表征流过雷电流时接地电网的电位升分布。图 3-30 所示幅值为 1kA、波形为 1.2/50μs 的电流导致的电位升高分布。结果表明，暂态过程中的电压分布是高度不规则的。在暂态阶段（约 10μs）之后，电位分布趋于均匀。靠近雷电流注入点处与接地导体其他点间的暂态电位差最大。在土壤电导率较低、电流脉冲较陡、注入点靠近接地网边缘等情况下，暂态电压峰值通常较高。

3.6.2 工频短路电流在接地系统中引起的电位升

系统发生快速暂态（输电线路和变电站中不同类型的故障所引发）后工频故障电流会流过电力设施的接地系统，其持续时间可达十分之几秒。短路电流的幅值可以达到数十千安或者更大，主要取决于电网结构（支路之间的关联性）、故障与接地点的电气距离以及故障电压等级。短路电流流过接地系统，在接地系统不同的两点间产生电位差。电位梯度的大小主要取决于土壤电阻率和接地网结构。连接电子设备的动力电缆或信号电缆可能受到强烈的电压和电流应力。过去对接地系统中产生的电位差的估算主要靠比例模型，如电解槽。此后，不同的研究人员开发了可计及土壤电阻率不均匀以及非线性影响的复杂的数字计算方法。图 3-31 是某接地系统及其附近电位升高的分布图。

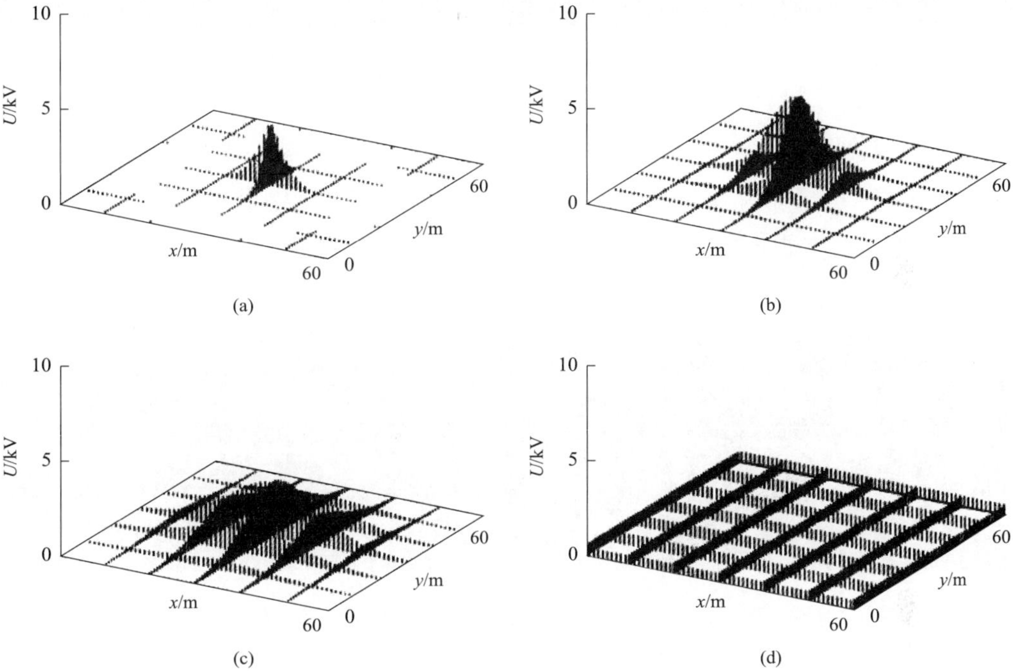

图 3-30　在 60×60m² 接地网导体重点注入 1.2/50μs，振幅为 1kA 的电流脉冲时产生的暂态电压差

（a）t=0.1μs；（b）t=0.5μs；（c）t=1μs；（d）t=10μs

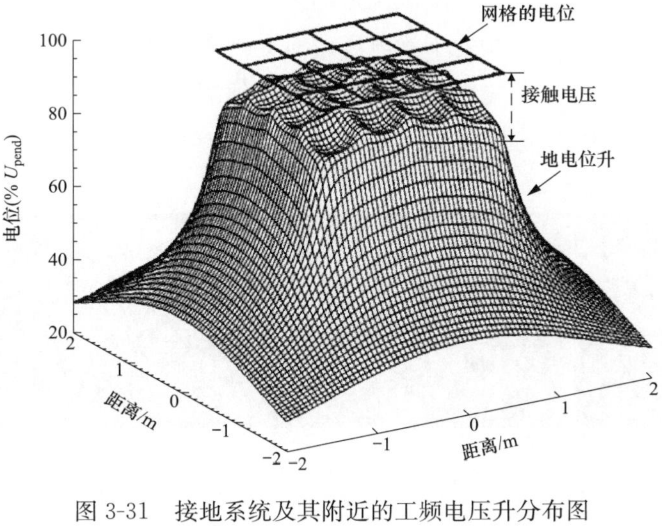

图 3-31　接地系统及其附近的工频电压升分布图

电力设施内部接地系统上电压升高的典型值变化范围很大，可达数十伏到上百伏每千安，最大电压升高可达 5000V。

某 500kV 变电站在站外模拟单端接地故障，同时退出重合闸功能，此时测得的直流系统对地电压波形如图 3-32 所示。

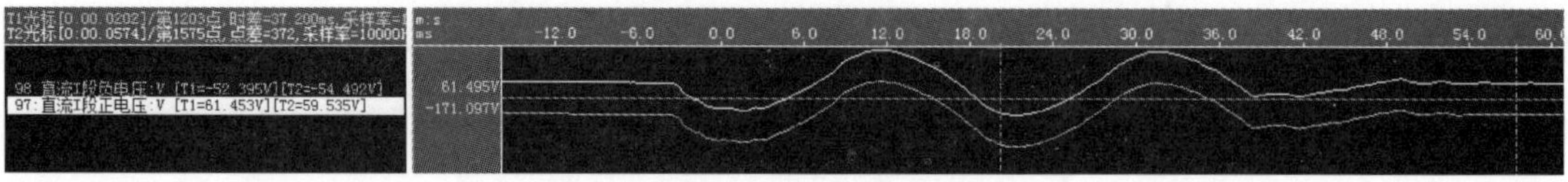

图 3-32　直流系统正负极对地电压

直流系统正极对地的突变量进行分析（采取所有周波均和第一周波之差），由此可见该干扰为工频干扰，且和故障电流基本保持一致，在故障电流消失后，干扰电压呈振荡状态，15ms 后干扰消失。直流系统正负极对地电压的突变量分析波形图如图 3-33 所示。

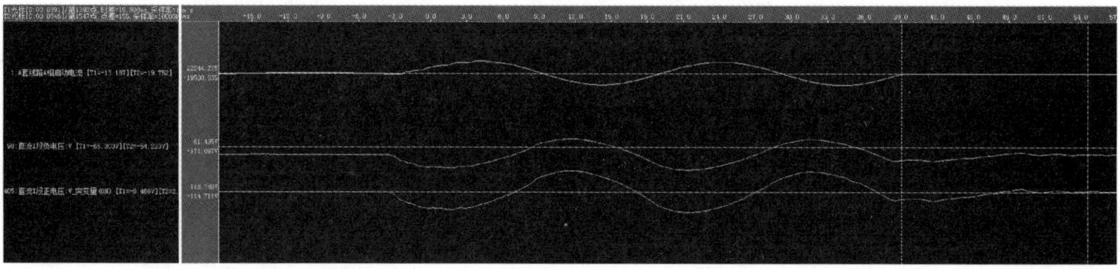

图 3-33　直流系统正负极对地电压的突变量分析

3.6.3　线路近端故障对二次开入元件的影响测试

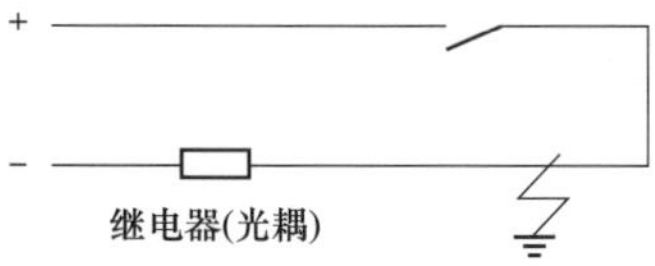

图 3-34　二次设备开入元件模型

二次设备的开入元件的模型如图 3-34 所示，在光耦两端的干扰电压将对光耦造成最直接的影响。为了分析干扰对二次元件的影响，必须测试光耦两端的电压。其测量结果如图 3-35 所示。其峰-峰值可达 68V。

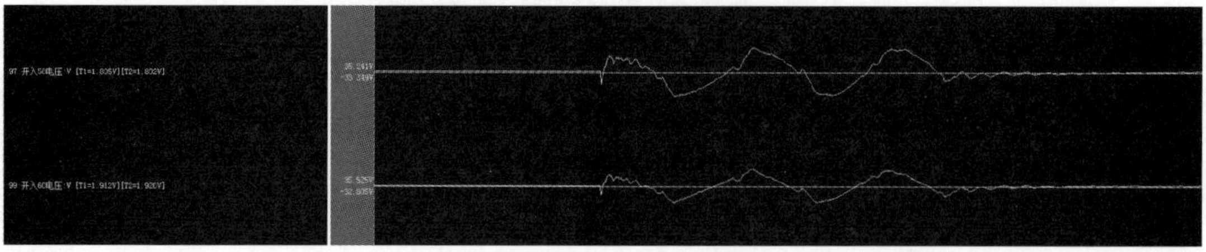

图 3-35　光耦两端的干扰电压

3.7　低压设备开关操作引起的电气快速瞬变

当开关断开电磁铁或电动机等感性负载时，开关触点间产生不希望的所谓喷弧现象。这种现象产生电气快速瞬变过程，其特征是上升时间短、持续时间短、能量低、发生频率高。

以图 3-36 所示模型解释喷弧产生机理，回路包括开关和电感负载，杂散电容与电感负载并联。

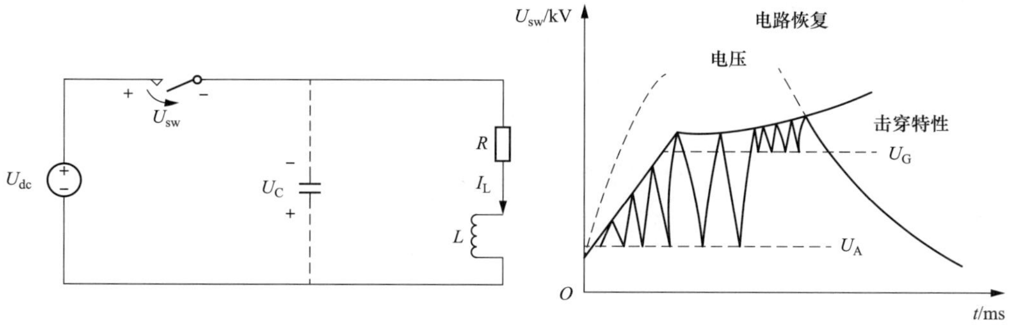

图 3-36　感应负载下喷弧产生的机理模型和波形曲线

当开关闭合时，稳态电流 $I=U_{dc}/R$ 流过电感 L。当开关断开时，电感中的电流不能突变。因此，电流流向杂散电容，为电容充电提高增加开关触点间电压。当开关间触点电压超过其绝缘击穿电压时，发生短时放电，开关触点电压下降到 U_A。电容器再次开始充电。这将使得开关触点电压波形呈现上升（电容器充电）和快速下降（开关击穿）交替的过程，这一现象称作喷弧：

（1）电容充电后，通过开关放电的电流主要受开关接线局部的电阻和电感限制；

（2）如果开关电流继续超过最小的电弧自持电流 I_A（从 0.1～1A），电弧自持。否则，电弧熄灭，电容重新开始充电；

（3）开关电压再次超过开关击穿电压，开关电压降至 U_A（空气中约为 12V）。如果电弧不可持续，电容器再次开始充电；

（4）最终，最初储存的能量被耗散，电容电压衰减为零。

此外，随着触点间距离的增加，也可能发展辉光放电，并且可能自持，也可能不自持（空气中 $U_G=280V$，I_G 在 1～100mA 之间变化），成为小型喷弧。喷弧频谱很宽，有可能引起 EMC 问题。为了减少其发生，必须防止开关电压超过击穿电压。如图 3-37 所示，与电感并联一个足够大

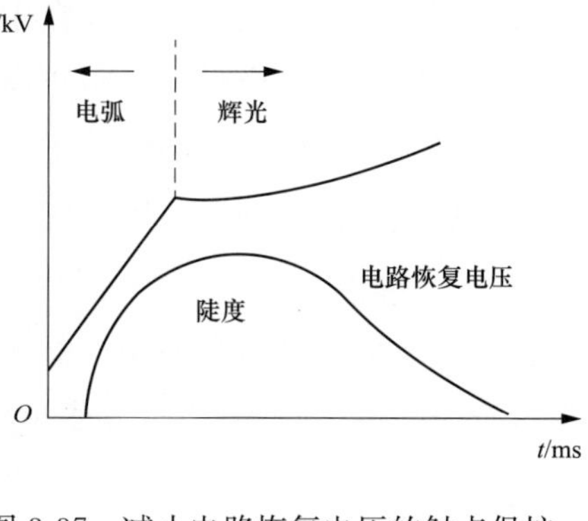

图 3-37　减小电路恢复电压的触点保护

的电容，可降低开关电压和电压的起始上升速度。

关于开关瞬态的产生机理，其典型参数为：

（1）脉冲持续时间，主要取决于关断前电感中存储的能量。

（2）单一暂态的重复率。

（3）脉冲群暂态变化的幅值。

重复率和振幅主要由开关触点的机械和电气特性（触点断开速度、断开过程中触点间的电压）决定。在不同的实验室进行了测量，来确定快速瞬变/脉冲群的典型特征参数。以由 160mH 电感和 6Ω 电阻组成，时间常数为 26ms 的继电器控制的开关负载为例。表 3-5 是断开上述线圈，直接在开关触点处的测量结果。通过继电器切换电感负载，获得不同的脉冲。

表 3-5　　不同开关继电器产生的电气快速暂态参数

参数	汞继电器 A 1A	汞继电器 B 1A	1A	5A	7A	10A
尖峰重复频率范围/kHz	70 17	46 12	1700 11	470 12	700 12	1000 9
尖峰持续时间范围/μs	9 35	10 39	0，35 50	0，28 50	0，7 46	0，3 70
突发持续时间/ms	0，3	0，2	2，5	2	2，4	2，4
尖峰幅度范围/kV	1，9 4，2	1，8 5，2	0，3 2，4	0，1 2，0	0，2 2，5	0，1 2，2

选用额定电流不同（1、5、7、10A）但电压相同（250V）的开关继电器；其中两个是汞继电器。表中数据一部分记录的是脉冲串开始阶段，脉冲尖峰重复频率高、持续时间短；另一部分记录的是结束阶段，尖峰脉冲重复频率低、持续时间长。脉冲尖峰的上升时间一般为几纳秒。

直流电压在 110V 及以上的中间继电器一般应有符合下列要求的消弧回路：

（1）不得在它的控制触点上并接电容、电阻回路实现消弧。

（2）用电容或反向二极管并在中间继电器线圈上作消弧回路，在电容及二极管上都必须串入数百欧的低值电阻，以防止电容或二极管短路时将中间继电器线圈回路短接。消弧回路应直接并在继电器线圈的端子上。

（3）选用的消弧回路所用反向二极管，其反向击穿电压不宜低于 1000V，绝不允许低于 600V。

（4）注意因并联消弧回路而引起中间继电器返回延时对相关控制回路的影响。

2012 年，某 500kV 线路发生单相瞬时故障，串联补偿保护由于收到“断路器紧急合闸启动动作”信号，串联补偿无法重投。断路器操作时，该信号的干扰如图 3-38 所示。甩开“断路器操作箱”与开关本体电缆后，单独进行“断路器操作”，该开入未出现干扰。将该信号的防抖动延时由 3ms 提升到 10ms，该问题不再出现。

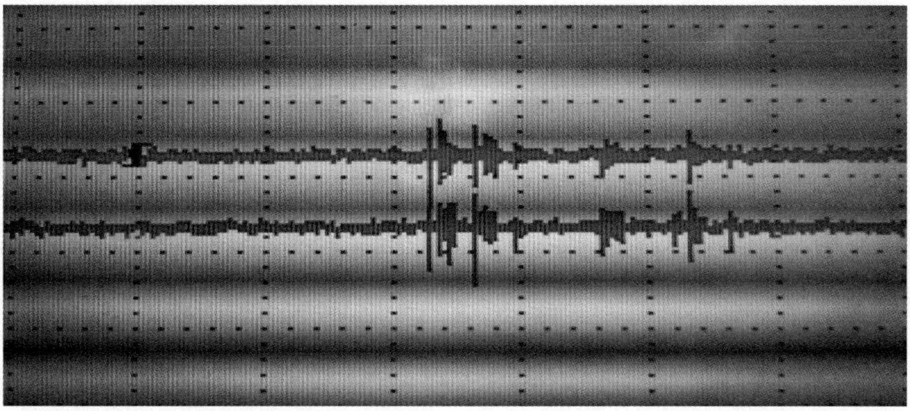

图 3-38　开关分闸时，开入干扰（横轴 2ms/格；竖轴 10V/格）

断路器和隔离开关操作时，会在二次回路中产生较大的电磁骚扰，有时甚至会引起保护装置的误动或二次设备的损坏。随着电网不断向高电压、大容量发展，这一问题会变得越来越严重。为了解串联补偿站在有大电容存在的情况下操作隔离开关和断路器产生电磁骚扰的严重程度，在某 500kV 串联补偿站投产的调试过程中，对断路器操作产生的传导电磁骚扰，在二次回路的各不同点进行了测试。图 3-39 是带电合断路器时电缆备用芯线和直流电源的共模电磁骚扰测量图。C1 和 C2 分别是直流电源正、负极的共模骚扰电压波形，C3、C4 是备用电缆芯线的共模骚扰电压波形。

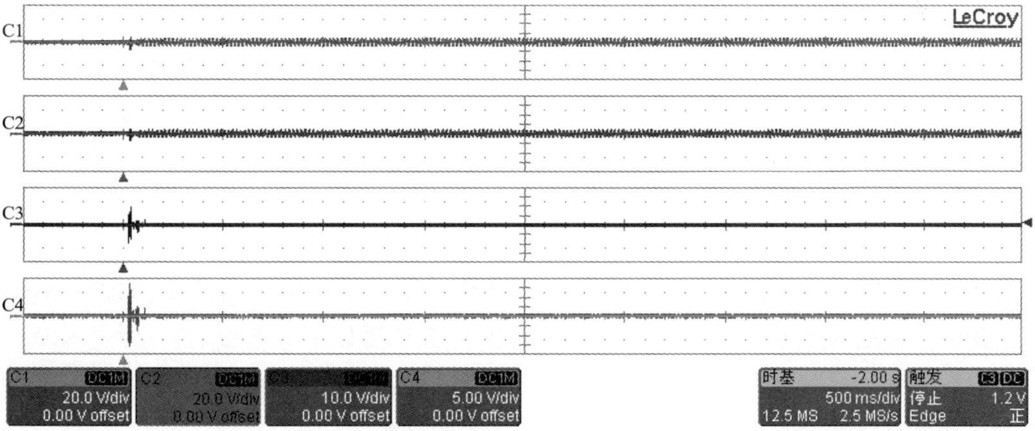

图 3-39　合断路器电缆备用芯线和直流电源的共模电磁骚扰

对测量结果的分析显示断路器合闸的骚扰过程持续约 80ms（见图 3-40），电缆备用芯线上得到的骚扰信号明显大于直流电源上的骚扰信号。备用芯线骚扰脉冲信号展开后为一串衰减振荡波，振荡周期 16～48μs 不等。衰减波振荡频率在 400～600kHz 之间（见图 3-40）。骚扰电压幅值 20V，峰-峰值 40V。

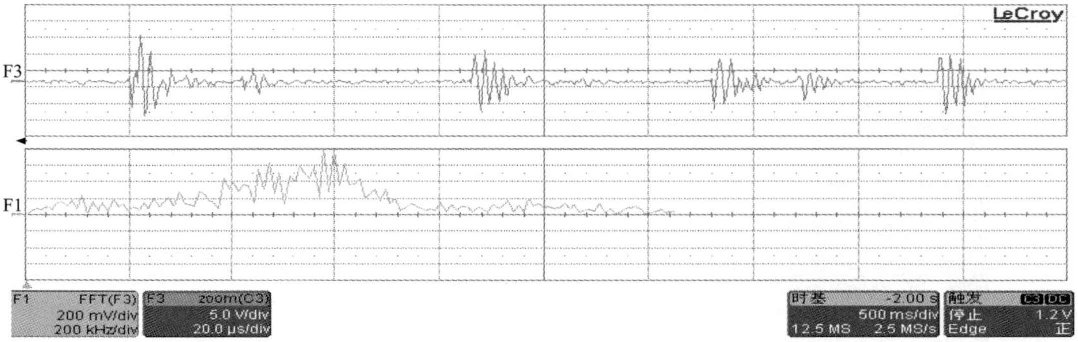

图 3-40 合断路器电缆备用芯线共模电磁骚扰振荡波形频谱分析

合断路器直流电源的共模骚扰信号展开后的波形（见图 3-41）为振荡频率较低（20～160kHz）的衰减较快的非典型振荡波。直流电源共模骚扰振荡波的重复周期约 68μs，骚扰电压幅值 18V 左右。

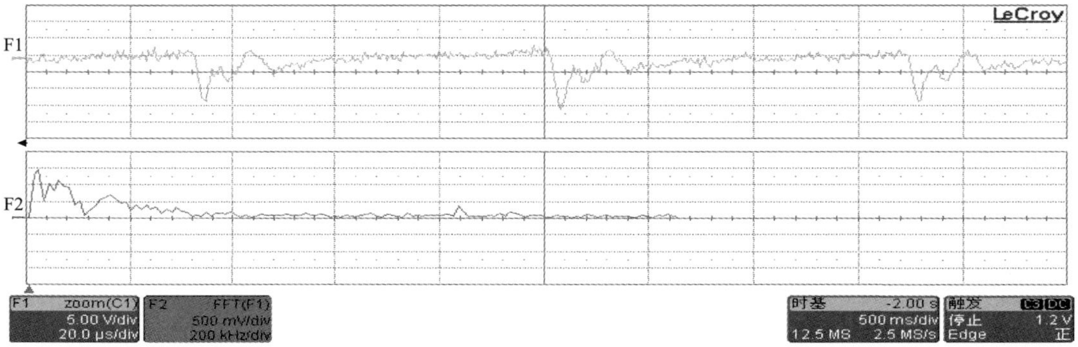

图 3-41 合断路器直流电源共模骚扰信号脉冲展开及波形频谱分析图

3.8 静电放电

人体带电通常是由摩擦电效应引起的，在摩擦电效应中，电荷来源于两种材料之间的摩擦，其中一种是非导电材料（塑料、合成材料）。充电受以下因素影响：

（1）空气的相对湿度，因为当相对湿度较高时，电荷被更快地带走；

（2）介电材料的绝缘电阻，由鞋底、地毯、衣服和轮子引入；

（3）绝缘材料的介电常数；

（4）人或家具相对于参考地的电容；

（5）走路时有节奏的动作；

（6）皮肤表面电阻（有关人员出汗）；

（7）两种材料之间的表面压力。

根据环境的不同，摩擦起电可以建立起相当高的电位（10～25kV），存储能量几兆焦耳。图 3-42 给出了人的充电电压随相对湿度变化的关系。

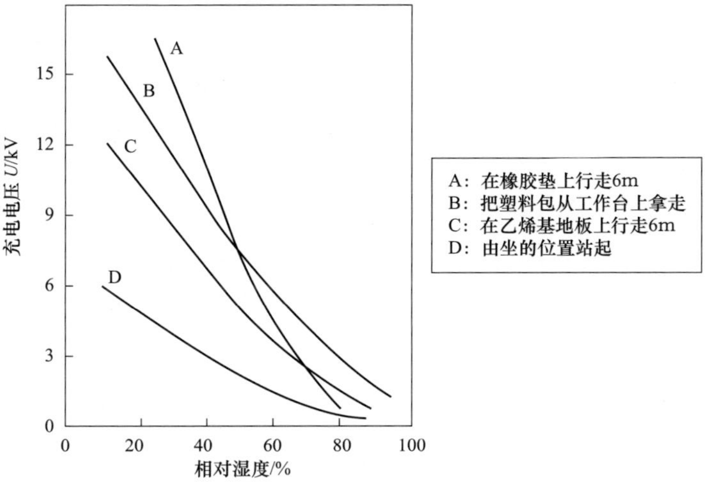

图 3-42　充电电压与相对湿度的关系

静电能量放电可以产生快速上升的电流脉冲（上升时间从几百皮秒到几纳秒），其幅值可达几十安，持续时间可达上百纳秒，取决于电压水平和回路参数。在充电过程中，人体就像一个容值约为 100～200pF 的电容器 C_B。如果人体姿势发生改变，对周围环境的电容会改变，充电电压也随之变化。例如，当一个人从椅子上站起来时，电容 C 减少，电压 U 增加。从图 3-43 所示的电压 U 值来看，储存的能量可能远远超过 1mJ。在放电过程中，通常假设人体内阻在 150～1500Ω 之间。根据下文的简化电路，可以得出如图 3-43 所示的放电电路模型。人体以 R_B、L_B、C_B 模拟，前臂以 R_H、L_H、C_H 模拟。因此，手/前臂 RLC 路径会产生典型的峰值的初始峰值。

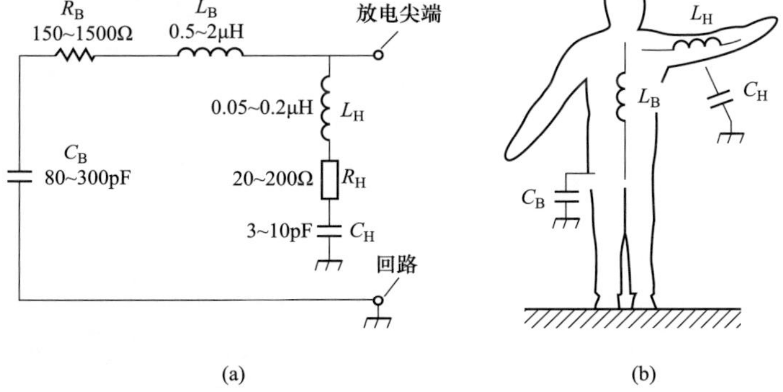

图 3-43　基于人体静电放电模型的计算机模拟

（a）模拟起始尖峰特征的双 RLC 静电放电模型；

（b）忽略电阻的人体实际静电放电模型

静电放电是一种非常快速的现象。此外，它有时是在慢脉冲的起始位置处出现非常快的先导脉冲。从图 3-44 中可以十分清楚地看出操作员采用手持式工具实际测量的充电电压达到 8kV，测量系统带宽为 1GHz。

快速预脉冲主要发生在低充电电压下。当涉及干扰时，预脉冲的存在与否对干扰现象的效果有很大影响。图 3-45 为完整静电放电脉冲（预脉冲和慢脉冲）的频谱密度。陡的初始尖峰明显增加了高频端的频谱密度。因为大部分耦合机理是高通型，所以，起始尖峰是非常重要的。

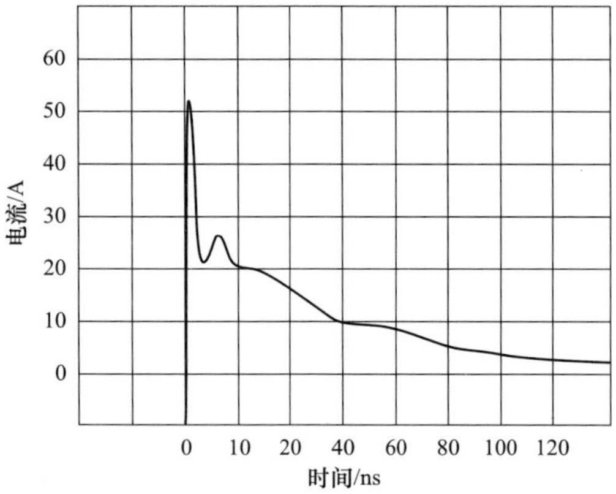

图 3-44　手持金属物体（钥匙）的操作者的典型电流放电

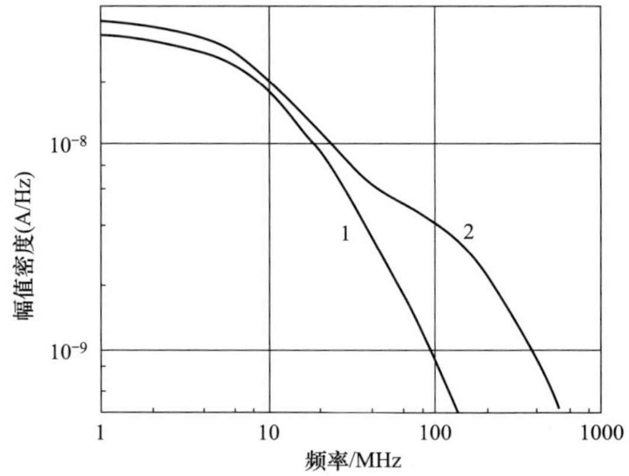

图 3-45　完整的静电放电频谱

1—慢脉冲；2—全部脉冲

在出现电晕效应的充电电压下，放电脉冲的陡度在很大程度上取决于带电物体接近放电点的速度。快速接近过程中，注入的离子尚未散开使放电通道导通，形成陡脉冲。

第 4 章　耦合机理及减缓措施

最常见的骚扰源已在第 3 章中进行了描述。尽管它们有时由直接影响“受害者”电路的电流（或电位）组成，但在最常见的情况下，它们以电磁（EM）场的形式出现。这里假设存在一个模型来计算该电磁场，即便没有模型，也可能通过开展一些测量（表征环境）来对其进行量化。关键要找到用于计算场对受干扰部分耦合的模型。

本章的目标是描述这种耦合所涉及的不同基本机理，并从这些机理中得出主要缓减方法的依据。涵盖的耦合机理包括传导的、容性的、感性的和辐射的，借此干扰得以通过电缆和其他部件进行传播，并到达设备的敏感部位。本章还介绍了一些缓减方法。

4.1　一般的耦合模型与减缓办法

信号可以大致分为差模或共模，并且互连系统通常包含这两种模式。接地上方的两条线可以同时支持差模和共模，如图 4-1 所示。差模在相对的导体中具有返回电流，而共模则在接地或公共导体中具有返回电流（正序和负序分量是差模形式，零序分量是共模形式）。共模通常会导致电磁兼容问题，因为更大的环路面积（与紧密排列的导体相比，接地通常相隔较远）会引起更大的感性耦合和辐射，并且共用回路会导致共阻抗耦合。共模通常是由不平衡电路引起的寄生模式，因此共模滤波器通常可有效改善电磁兼容性性能。

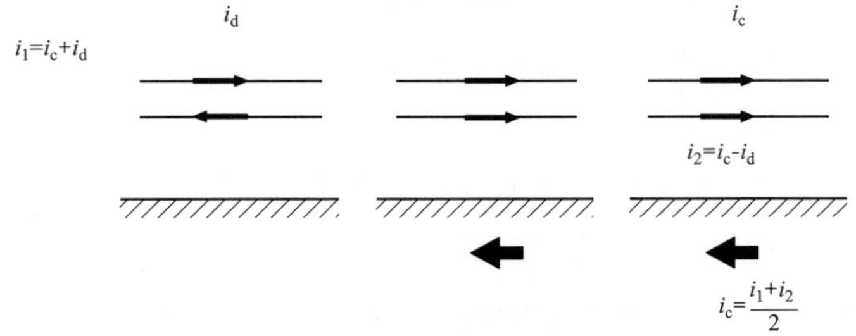

图 4-1　差模和共模电流

（a）差模电流；（b）共模电流；（c）混合模式的信号通道

4.1.1　耦合模型

可以从著名的麦克斯韦方程出发建立描述电磁场与任何结构耦合的所有模型，其中最常用于数值计算模型的是天线理论或散射理论。这依据基本原理：每个电流都是一个场的源（发射问题），这个场又可以是一个电流的源（接收问题），而这个电流又是一个散射场的源。由此形成积分方程用以描述了被电磁波照射的导电体的行为。这些方程通常没有解析解，需要通过数值方法求解。天线理论是用于解决耦合问题的最通用、最严格的理论之一，它只需要一个重要的限制性假设即可：带电体是理想的导体。然而该理论需要大量的计算时间和内存。

另一个广泛使用的理论是传输线理论（TL），这是基于以下假设：

（1）与波长相比，带电体具有较小的横向尺寸。即与波长相比，导体的直径和导体之间（或地上）的距离较小；

（2）沿线流动的电流不同部分之间没有相互影响，感应电流不会受到相互辐射的干扰（这意味着线路或多或少是直线的）。

传输线理论提供了快速、准确的结果，因此被广泛用于解决电缆和线路的耦合问题。除了这两个通用理论，还有第三种理论要简单得多，即准静态理论或电路理论，有时也称为基尔霍夫理论或楞次理论，因为著名的基尔霍夫定律和楞次定律是这一理论的基础。应用这一理论所需的附加限制是：①电路长度远小于波长，即不涉及传播效应；②流过每个电路元件的电流为常数。

这些条件允许将电路等效为集总元件（无任何空间尺度）的串联或并联，以形成一个网络，该网络由满足基尔霍夫方程的节点和支路组成。磁通量穿过电路的效应由一个称为电感的集总元件来表示。由于磁链只能定义在边界有限的区域，所以电感只能定义在闭环区域。后叙章节会涉及这一重要问题。

所有这些限制至少在定量方面阻止了将电路理论的结论推广到大型电路（与波长相比），为此，有必要求助于更一般的理论或使用一些统计或经验定律。然而，值得强调的是，电路理论方法通常是保守的，并且与其他理论并不冲突，每个理论都是从天线理论开始的，通过添加更多的假设可以从前面的理论推导而来。

电路理论方法的主要优点之一是它的计算非常简单，不需要使用复杂的计算方法。因此，当电路的尺寸较小时，它使得耦合中涉及的物理机理易于理解。此外，它没有必要去确定电磁场并建立相应的模型，电源总可以由电流或电压表示。因此，同样的模型可以用来描述与骚扰源（直接注入到受扰电路中的电流或电位）的直接作用以及通过电场或磁场的间接相互作用。由于这些原因，以下章节中介绍的大多数耦合机理将以电路理论为基础。众所周知，从简化的理论导出的工具有时被误用或滥用。特别是在处理电位差、电位升或电感的概念时尤其如此。

4.1.2 接大地、接地与搭接

接地在大多数耦合机理中发挥着非常重要的作用，有必要重温一些基本概念和定义。

在其经典用途中，接地实际上包括两个独立的概念：

（1）与大地的物理连接；

（2）金属结构之间的等电位搭接。

就电磁兼容而言，后一个概念更为重要。为了避免在以下段落中出现任何混淆，将使用术语接地极和接地网来指定与地面紧密接触并提供电气连接的导电部件或互连导电组件，并且将使用术语搭接网来指定所有导电组件为了形成基本等电位网络（至少在低频），使电压短路并提供电磁屏蔽（从直流到低射频）而相互连接的结构。搭接网本身通常连接到接地网。还将使用术语接地导体和术语搭接导体来分别描述与接地网或搭接网络的连接。然而，当这两个概念之间的区别不重要时，最好统一使用"接地"一词。接地和搭接网络通常基于不同的原因被使用，在实际实施中也反映了这些差异。这些网络提供两个主要功能，保护功能（防止过电压）和缓减功能（在电磁兼容方面）。

4.2　基于电路理论的简化耦合模型及相关减缓

当试图理解骚扰从源到受干扰部分的传播方式时，似乎必须区分所有耦合模式。耦合要么是通过源与受干扰部分之间的直接电气连接，要么是通过电磁场（电场、磁场或两者都有）发生的。在第一种情况下，通常称为传导耦合或电流场耦合。例如，当骚扰通过电缆系统传导时，就会发生这种情况。因此，应当首先区分传导的或辐射的这两种耦合模式。然而，一旦传导骚扰到达受干扰部分，其对敏感电路的影响可能还意味着不同的机理，这取决于骚扰电流流过的阻抗的类型（电阻性的或电抗性的、自有的或相互的）。鉴于此，尽管有时它结合了不同的影响的物理机理，还是倾向于在下面的共阻抗耦合概念中，描述成与骚扰源有直接电气连接的耦合，在非常低的频率下或当该阻抗为纯电阻时的耦合，只有这样，这种耦合模式才能称为电阻性耦合。

另外，没有电气连接的耦合将被分为三种不同的类型，这取决于电磁场的电场部分与磁场部分是否可以被认为是相互独立的。综上，可以将耦合模式分为以下四种：

（1）共阻抗耦合（电阻性耦合是其中一种特殊情况）；

（2）感性耦合或磁耦合（近区磁场）；

（3）容性耦合或电耦合（近区电场）；

（4）辐射耦合或电磁耦合（远区电磁场）。

电路理论只能处理前三种模式。第四种显然需要前面提到的一般理论之一。事实上，这些模式都不是单独出现的，但通常，至少在低频或中频范围内，其中一种模式将起主导作用。对于所有的耦合模式，有可能确定能量源（或发射器）与敏感设备（或接收器或受干扰部分）之间的传递函数。

传递函数可以是阻抗、导纳或无量纲量，这取决于骚扰源的性质和耦合的"结果"，即

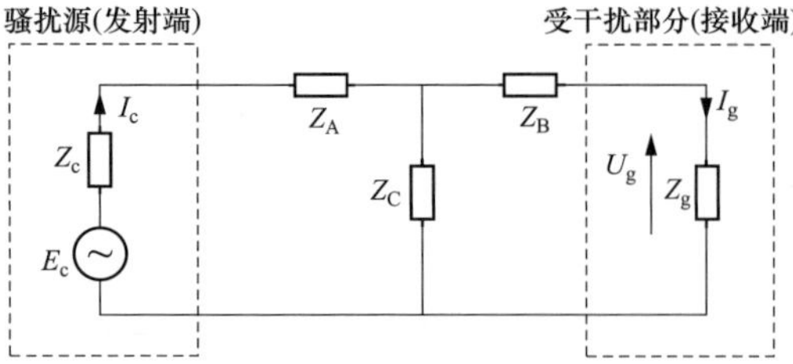

图 4-2 骚扰源（发射端）和受干扰部分（接收端）之间的传递函数

注：在本图和后续图中，当不会与电场混淆时，符号 E 用于表示电压源，符号 U 用于表示电压降或感应电动势。

电压或电流。在所有情况下，发射端（E_e，Z_e）与接收端（U_s，Z_s）之间的电磁相互作用都可以通过双口网络来建模，在最简单的情况下，如图 4-2 所示，就是由阻抗 Z_A、Z_B 和 Z_C 组成的 T 型网络。

在该电路模型中，回流导体通常为地，提出了两种减少接收端和发射端之间电磁耦合的主要策略，短路和开路策略。很明显，如果 Z_C 为零，发射端的任何能量都不能到达接收端。同理，如果 Z_A 和 Z_B 其中之一或两个都无穷大（即开路），则发射端能量也不会到达接收端。

值得注意的是，一般来说，理想的短路或开路是不可能实现的，因为即使是最好的处理方法，也会存在杂散电感和电容。短路策略旨在降低所有接地导体的阻抗，特别是通常在频率 1kHz 以上起主要作用的电感。开路策略旨在隔开发送端和接收端，通过增加距离，或插入物理屏障（降低耦合系数），或构成一个独立的具有单点接大地的搭接网。另一方面，由于骚扰的特性通常是根据设备输入端出现的电压给出的，并且这些电压通常是电流在接地和屏蔽层中流动的结果，因此转移阻抗概念将在以下章节中发挥非常重要的作用，尤其是在确定电缆和外壳等结构的屏蔽效能时。

4.2.1 共阻抗耦合（共路径耦合）

1. 基本原理

每当不同的电路共用一个或多个阻抗时，都会出现这种耦合。最简单也是最典型的情况是具有“公共回路”的电路，即接地网本身，并假设非理想状态，例如它的阻抗不为零。图 4-3 给出了一个包含两个回路的简单例子。由于共阻抗 Z_C，回路 1 的负载阻抗上的电压降是信号电压 E_1 和由于电路 2 中的电流而产生的骚扰电压的代数和。由于负载阻抗 Z_{L1} 通常比公共阻抗 Z_C 高得多，骚扰电压近似为 $-Z_C I_2$，其中 Z_C 被称为“转移阻抗”。然而，转移阻抗的概念常被赋予限定的含义。在不影响骚扰源的情况下，降低共阻抗耦合的主要方法有：

（1）取消公共回路（开路策略）；

（2）降低公共回路的阻抗（短路策略）；

（3）使用平衡电路（平衡电路策略）。

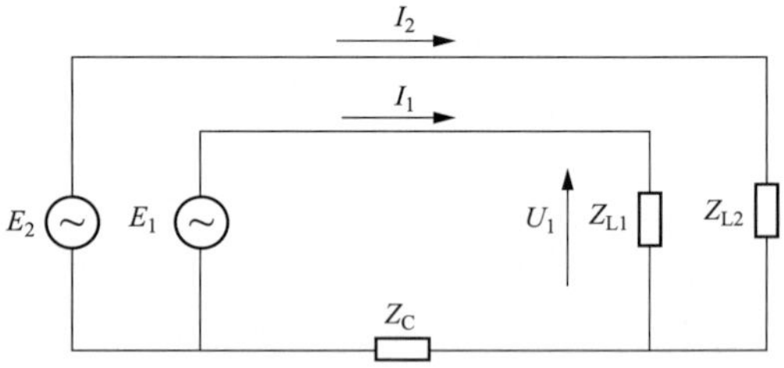

图 4-3 共阻抗耦合

$$U_1 = (E_1 - I_2 Z_C)\frac{Z_{L1}}{Z_{L1}+Z_C}, Z_{L2} \gg Z_C \tag{4-1}$$

2. 平衡电路

另一种抑制共阻抗耦合的方法是使用平衡电路，如图 4-4 所示。在这种方法中，由源 E_1 和负载 Z_{L1} 互连的受干扰电路被分为两个相同的部分（E_1^+ 与 E_1^-，Z_{L1}^+ 与 Z_{L1}^-），并对称接地。这被称为差分电路，并且在这些对称导体之间出现的电压属于差模电压。因此，U_1（在接收端的输入中）是负载 Z_{L1}^+ 与 Z_{L1}^- 上的电压之和。我们在图中观察到，出现在 Z_C 上的共模噪声电压（U_{z_c}）均等地传输到负载 Z_{L1}^+ 与 Z_{L1}^- 上，并在接收端的输入中相互抵消。这种抵消依赖于电路平衡，通常被称为电路的共模抑制比（CMRR），即 U_1 与 U_{z_c} 之比。

差分电路也能有效地抑制感性耦合，并用于敏感度较高的电路，例如，16 位 A/D 转换器的输入，接收来自传感器或其他源的微弱模拟信号。数据传输系统也可以使用平衡电路来抑制对信号传输系统的共模干扰。类似系统的例子是 RS485 和 RS422 数据传输标准。

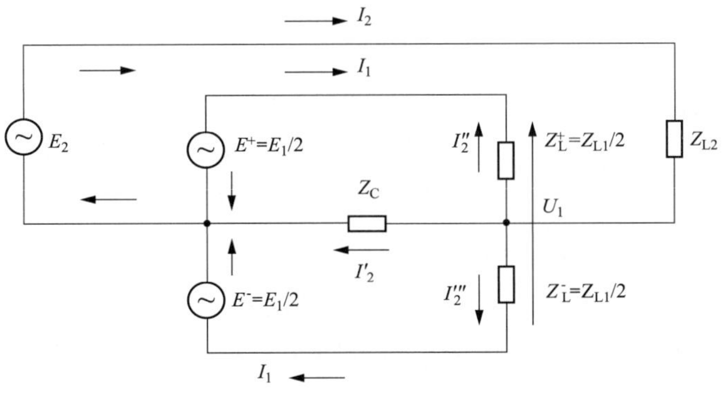

图 4-4　差分电路的共模去耦

3. 共阻抗耦合骚扰的例子

（1）作为电位参考面的接地系统中的 50/60Hz 短路电流；

（2）雷电直接击中接地系统、电路或设备（如天线电路）；

（3）直接作用于设备的静电放电；

（4）公用回流通路的电路间的串扰；

（5）电源上的谐波、闪烁、电压骤降。

4. 共模向差模转换效应的机理和抑制

根据以上说明，由于没有直接感应到双绞线回路中，因此实际上没有差模电压产生。对于组成传统长途电信电缆的差模四芯两组双绞线来说，可以做到完全消除差模电压。由于连续换位和较小的环路尺寸，在星形四股绞合电路中，直接感应的差模电压仍然可以忽略不计。控制回路和信号回路电缆的导线绞合在一起，因此也存在连续换位产生的补偿效果，但是环路尺寸可能会更大，尤其是在回路不由相邻导体组成的情况下。结论是，与下面描述的共模到差模的转换现象引起的差模电压相比，在实际情况下可以忽略直接感应到电缆回路的差模电压。

4.2.2 感性（磁）耦合

1. 基本原理

感性耦合（连同共阻抗耦合）无疑是最常见的骚扰模式。每当两个电路存在共同的感应磁通时，或者当两个回路的接地部分共用，且至少其中一个回路通以电流时，就会发生此类现象。如图 4-5 所示，最简单的情况是在接地平面上方有两个平行导体，该接地平面充当两个电路的返回路径。

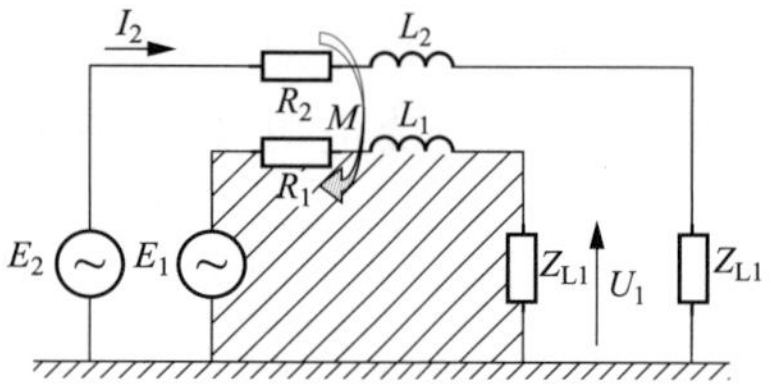

图 4-5 感性耦合

$$Z_1 = R_1 + j\omega L_1$$

$$Z_2 = R_2 + j\omega L_2$$

$$U_1 = (E_1 + I_2 j\omega M)\frac{Z_{L1}}{Z_{L1} + Z_1}$$

再次假设回路 2 是骚扰源，回路 1 是受干扰部分。同时假设回路 1 的信号电流远小于回路 2 中的骚扰电流，从而可以忽略它对回路 2 的影响。阴影区表示公共磁通交叉的面积，并决定了两个回路之间互感 M 的值。

解电路方程可得 U_1 是以下几项的和

（1）信号电压：$E_1 Z_{L1}/(Z_{L1} + Z_1)$

（2）感应骚扰电压：$jMI_2 Z_{L1}/(Z_{L1} + Z_1)$

即
$$U_1 = E_1 Z_{L1}/(Z_{L1} + Z_i) + jMI_2 Z_{L1}/(Z_{L1} + Z_1) \tag{4-2}$$

当两个回路相互接近时，电感 M 的值接近回路 1 的自感 L_1 的值，因此将式（4-2）与式（4-1）进行比较，可以得出因子 jM 与 Z_C 的作用相同的结论。

这说明共阻抗耦合和感性耦合有时很难区分，这种区分的确是人为的，在于应用电路理论时的限定条件。

在这一点上，值得花时间回顾从麦克斯韦方程组导出的一个基本定律。麦克斯韦第二方程（也称为法拉第定律）以积分形式表示为

$$U = \oint \overline{E} \cdot d\overline{s} = -\frac{\partial \varphi}{\partial t} \tag{4-3}$$

电场沿任何闭合路径的围线积分等于该闭合路径所包围的磁通量的变化率（见图 4-6）。

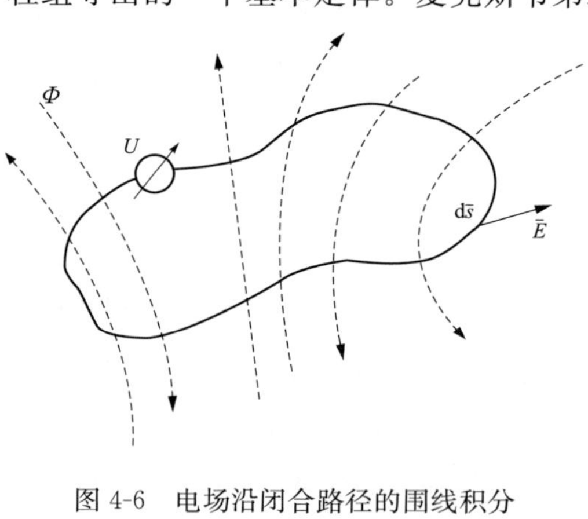

图 4-6 电场沿闭合路径的围线积分（法拉第定律）

这意味着在实践中，如果上述闭合路径选在一个回路，那么沿该回路的所有电压降的积分（或基尔霍夫理论中的电压和）等于与该回路相交链磁通的导数，无论该磁通的来源是什么。它可以由电磁场（辐射）在另一个回路中流动的电流（互感）或在该回路中流动的自身

电流（自感）引起。

正是后一种情况构成了“共阻抗耦合”（骚扰电流在受扰电路中流动）和“感性耦合”（骚扰电流在另一电路中流动）之间的联系。

解决上述问题用到的电路理论是基尔霍夫定律

$$\sum_{mesh} U_n = 0$$

相当于

$$\oint \overline{E} \cdot \mathrm{d}\overline{s} + \frac{\partial \Phi}{\partial t} = 0 \tag{4-4}$$

意味着将 $\partial\Phi/\partial t$ 转换为 $L\partial i/\partial t$（或 $M\partial i/\partial t$）。这需要确定包含磁通的完整闭合路径（即回路）的电感 L。由此得出以下重要结论：

（1）相距较远两点之间的电压降不是单值的，因为它们取决于测量它们的路径。

（2）不能将感应电压的概念定位在沿线的某段上（线圈端子之间的电压降是一个实际的例外，因为磁芯中包含的磁通比外部电路中的磁通大得多）。

（3）电感是闭环回路的特性。然而，可以使用部分电感的概念得到该回路的一部分的电感。

事实上，在处理回路的自感或互感时，必须关注的主要概念是回路自身产生还是交链其他回路产生的磁通。这一磁通的概念是普遍的，与任何简化理论无关。无论回路的频率和尺寸如何，它都适用。

2. 采用平衡电路抑制感性耦合

图 4-6 中的平衡电路还降低了接收端的感应噪声电压 U_1。这可以在图 4-7 中得到更好的解释，可以看到，差分电路相对于地的对称性强化了骚扰源和这些电路之间非常紧密的相互感应，再次导致负载（接收端的输入）上的噪声电压相互抵消。

3. 采用双绞线抑制电感耦合

移除公用返回路径并减小公共回路面积，可以使回路 1 相对于地对称（见图 4-8），即通过形成一条平衡回路来实现。与出现在导体与地之间的共模电压相反，出现在对称回路导体之间的电压为差模电压。

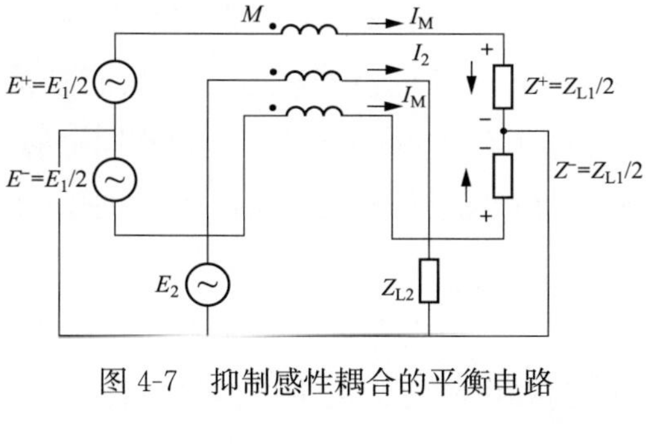

图 4-7　抑制感性耦合的平衡电路

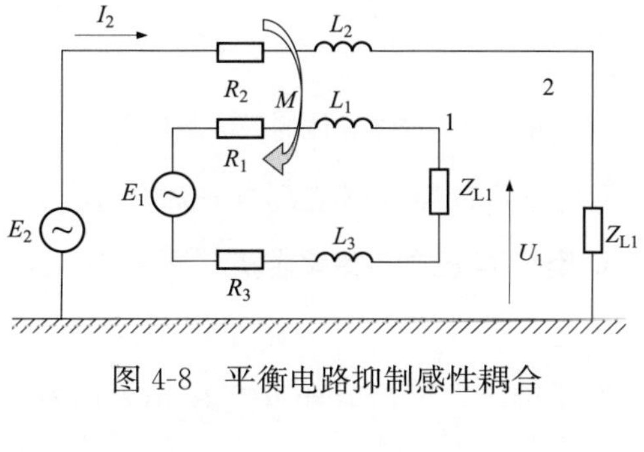

图 4-8　平衡电路抑制感性耦合

在通信技术的文献中，出现在回路终端的差模骚扰电压与感应的共模电压之比（以 dB 表示）通常称为共模转换损耗，在电路理论中则称为共模抑制比（CMRR）。它在很大程度上取决于电路（线路+终端设备）对地的不平衡。

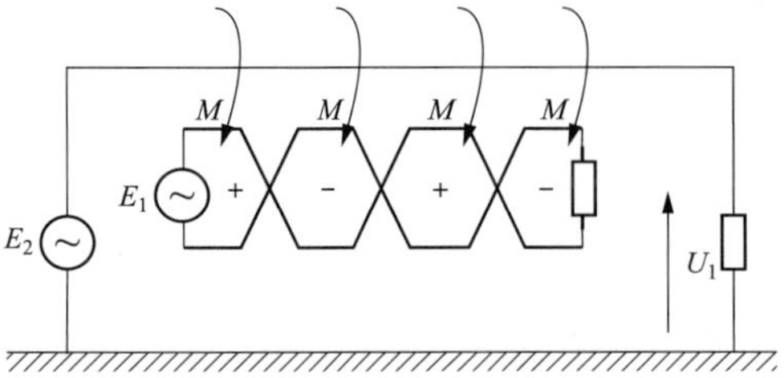

图 4-9　双绞线可以进一步抑制隔离电路上的感性耦合

实现电路平衡的最佳方法是使用双绞线。在这种情况下，许多回路产生的感应电压相互抵消，如图 4-9 所示。双绞线（相对于未绞合的双线）对骚扰的抑制作用随单位长度的绞合次数的增加而增加，也随电缆长度的增加而增加，但随负载阻抗值的增加而降低。在低频段，当间距（两个连续反向环路之间的距离）为 5cm 时，可以实现大于 100（40dB）的抑制因数，但由于电缆内部和端部有小的不对称，因此很难进一步提升抑制效果。此外，在高于 100kHz 的频率下，使用双绞线的收效甚微，并且在几兆赫以上收效殆尽。关于共模转换损耗，典型值可以从低频时的 90dB（仅双绞线）到 1MHz 时的 30dB。

与骚扰源相关的线路不对称性（导致不平衡，降低电压抵消，从而增加接收端输入中的噪声）可以通过绞合导线来降低。在这种情况下，除了接收端的电压抵消外，绞合的回路感应的电压也相互抵消了（见图 4-10）。

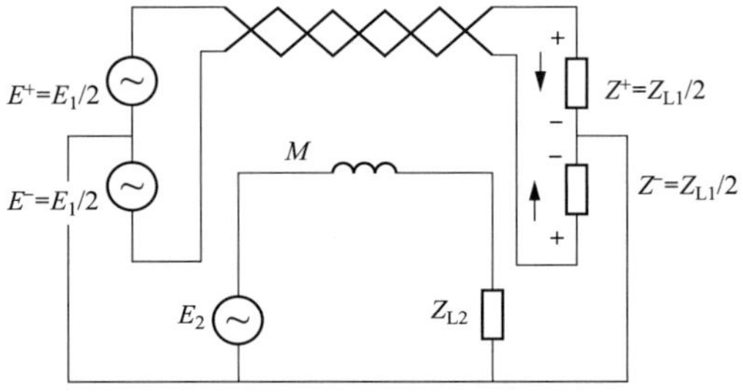

图 4-10　双绞线可以进一步抑制平衡电路上的感性耦合

4. 采用屏蔽的方法进行抑制

抑制回路 1 和回路 2 之间共模感性耦合的另一种方法是在回路 1（或回路 2）附近放置短路导体回路 3（见图 4-11），并使通过回路 3 的磁通量尽可能与回路 1（或导体 2，视情况而定）相同（见图 4-11）。

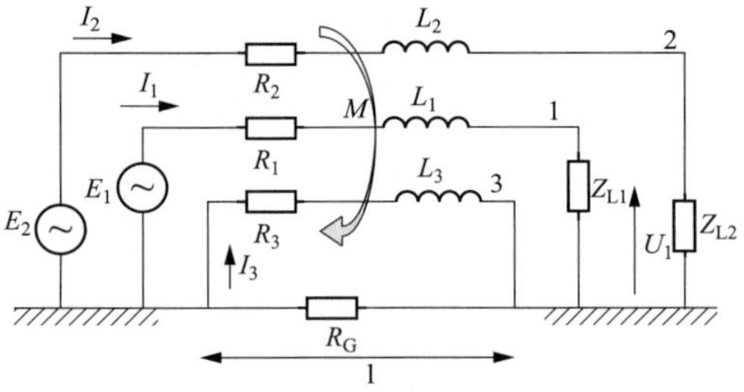

图 4-11　接地导体的磁屏蔽作用

回路 3 与感应磁通的作用，就好像它是变压器的短路二次绕组一样。按照楞次定律，电流 I_3 在回路 3 中流动，产生与骚扰磁通量大致相同但方向相反的感应磁通量，从而抵消它。确保回路 1 和 3（或 2 和 3）包含相同磁通量的唯一方法是将回路 3 做成环绕导体 1（或 2）的套管。这意味着屏蔽两端均接地（见图 4-12）。

5. 电缆屏蔽层的转移阻抗（和导纳）

在前面的小节中，介绍了屏蔽层转移阻抗的概念。由于它在电磁兼容中的作用十分重要，现在将更详细地介绍和讨论相关内容。图 4-13 为导电参考面之上的同轴电缆（即带屏蔽的导体)。

就电磁兼容而言，可将该电缆视为两条互有耦合的传输线。第一条传输线由电缆的内导体（芯线）与外导体（屏蔽层）组成，第二条传输线由外导体（屏蔽层）和接地参考面（环境）组成。如果 I_c 和 I_s 分别是在芯线/屏蔽层和屏蔽层/接地参考面回路中流过的电流，U_c 和 U_s 是芯线/屏蔽层和屏蔽层/接地参考面之间的电压。

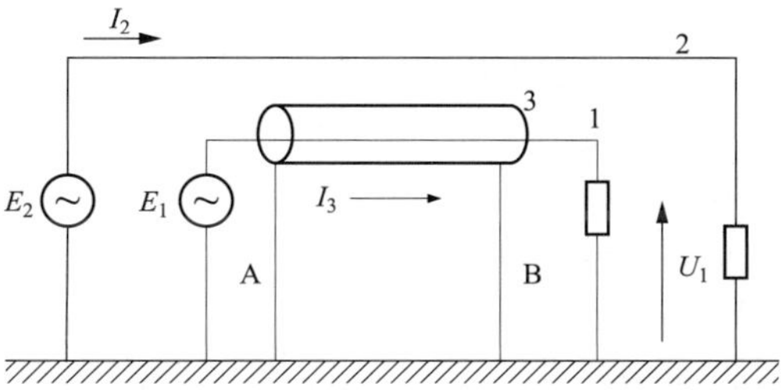

图 4-12　将受扰部分置于管状导体中的屏蔽作用

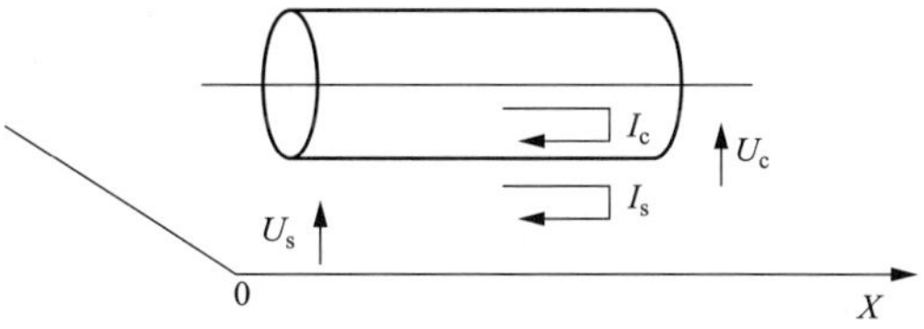

图 4-13　导电参考面之上的屏蔽导体

传递函数是解决任何类型耦合问题的基本概念。在所有可描述的传递函数中，电缆屏蔽层的转移阻抗是最重要的参数之一，原因如下：

(1) 它是每根电缆的固有参数，众所周知，可以被测量和赋予定值；

(2) 设施的电缆系统在骚扰耦合机理中起主要作用；

(3) 依据电缆转移阻抗，在一定程度上允许将一般耦合问题分成两个步骤，这两个步骤通常更容易分别单独解决。第一步，有时也称为外部问题，包括确定当电磁场照射电缆屏蔽层时产生的电流 I（或者在采用电路理论方法时，确定电源中的电流）。第二步，内部问题，涉及确定出现在屏蔽电缆末端的共模电压 U。当电路长度与最短波长相比很小时，后一步相当简单，得到 $U=Z_tI$。如果不满足这个条件，情况就变得更加复杂。在这种情况下，有必要找到一个函数关系表达式，例如 $U=f(Z_t, I)$，或者借助于计算机求解。

6. 感性耦合骚扰举例

(1) 空气绝缘变电站的开关操作；

(2) 由高压/低压电力设施产生的工频磁场；

(3) 靠近间接雷击点，即雷击某一电路附近，但不是直接击中该电路，通常是外部防雷系统动作的情况；

(4) 设备附近的静电放电。

4.2.3　容性耦合

1. 基本原理

与感性耦合相反，容性耦合是由骚扰源的电压而不是电流引起的。

当源与受扰部分之间的距离很大时耦合电容很低，容性耦合主要发生在受扰电路的阻抗（或受扰部分是电缆时，它的共模负载阻抗）较高和/或源与受扰部分接近时。值得回顾的是导体之间的电容值按照与其距离的对数变化。例如，同一条电缆中的两个导体的电容约为 100pF/m。若将它们之间的距离仅增加 5cm，就可使电容减小 70 倍，然而当进一步增大距离到 50cm 时，电容值仅再减小 2 倍。这说明了当两电路距离很近时容性耦合（即串扰）的重要性。

当不可能增加间距或降低阻抗水平（开路策略）时，抑制容性耦合的唯一方法是在要保护的电路周围设置一个屏蔽层，并至少应有一点接地（短路策略）如图 4-14 所示。

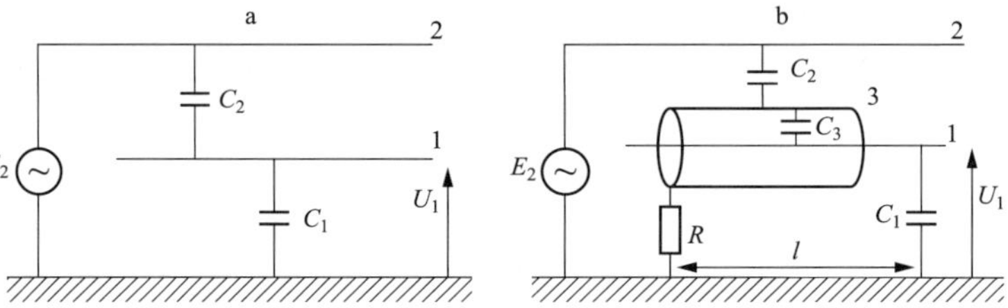

$$U_1 = E_2 \frac{C_2}{C_2 + C_1}$$

$$U_1 \simeq j\omega R C_2 E_2$$

$$\text{if}\begin{cases} C_3 \gg C_1 \\ \omega \ll 1/R(C_1 + C_2) \\ \omega \ll 3 \times 10^8/l \end{cases}$$

图 4-14　容性耦合和容性屏蔽

这种屏蔽材料本身的质量并不像为减少磁耦合所要求的那样严格，实际上，这里要用的不再是转移阻抗，而是转移导纳 Y_t。后者取决于屏蔽层中孔的结构和前文定义的两条耦合线（源线和受干扰部分线）的单位长度电容。

具有高覆盖率的编织电缆和金属箔或金属带（甚至螺旋缠绕）覆盖的电缆通常具有非常低的转移导纳，当屏蔽层接地时通常可以忽略。这在 50（60）Hz 时尤其如此，这可以解释即使不是良导体，例如房屋的墙壁，也足以有效地消除外部输电线在房屋内产生的电场。然而，屏蔽减少电场引起的骚扰的有效性仅存在于低频状态，此时与电容相比纵向阻抗可以忽略。在更高的频率下，仍然需要多点接地，特别是在电缆的两端。

2. 对电容不平衡转换的抑制（缓减措施）

通过减小差模电流的注入，可以抑制电容不平衡转换的影响，缓减措施要求降低共模电压和不平衡电容或两者兼而有之。

降低共模电压的方法如下：

（1）采用前面章节中已说明的方法降低感应电压；

（2）将屏蔽层的搭接和接大地的实施与电路接地相协调，以尽量减少与屏蔽层相关的共模电压；

（3）避免将工作在具有不同接地连接的电路中的导体混合，以减少由于剩余导体组不平衡引起的转换。

减小不平衡电容应遵循的方法：

（1）在敏感电路中采用由双绞线制成的对称通信电缆；

（2）在信号电缆中，采用相邻导体组成回路；

（3）避免使用信号电缆中不同层的导体组成回路。

3. 容性耦合干扰实例

（1）高压设施产生的低频电场，这种骚扰有时可能是安全问题的根源。

（2）低压设备开关操作引起的快速瞬变。

（3）信号电缆中的串扰。

（4）变电站隔离变压器、光电耦合器或电压/电流互感器一次绕组与二次绕组之间的共模耦合。

4.2.4　辐射耦合

1. 近场/远场边界

在前文中，假设电路尺寸（包括源和受干扰部分）远小于骚扰的最高有效频率分量 f 对应的波长 $\lambda=c/f$。这通常被称为近场或感应场。在该条件适用的区域内，电场与磁场的比值 $Z_w=E/H$（即波阻抗）可能为任何值。当 $Z_w<377\Omega$ 时，磁场占主导地位，骚扰源因为电流大（电压低）而被称为低阻抗源，此时可以使用感性耦合模型。相反，当 $Z_w>377\Omega$ 时，则以电场为主，骚扰源的电压大，但电流小（高阻抗电源）。

此时采用容性耦合模型。随着与骚扰源距离的增加，比值 E/H 逐渐趋于 377Ω 时，即自由空间阻抗的值。此时很难判断哪个场分量占优势，而这个场被描述为一个辐射电磁场。发生这种情况的距离决定了近场与远场（或辐射场）的分界点，并取决于源的尺寸。当源远小于波长时，远场与近场的边界与源的距离为 $R=\lambda/2\pi$（约为波长的六分之一）。然而，当源的最大尺寸 D 大于 $\lambda/2$ 时，边界距离变为 $R=D^2/2\lambda$。图 4-15 描述了 Z_w 随与源的归一化距离 x 的变化，以及横向场分量的衰减率（忽略传播方向的场分量）。

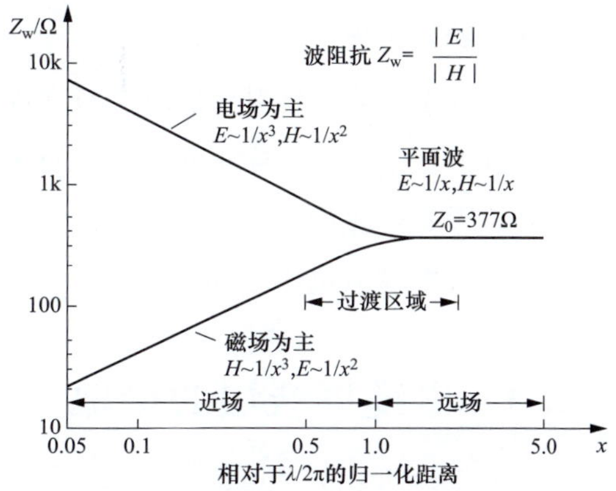

图 4-15　波阻抗随距离和源类型的变化，近场和远场区域

辐射场的主要来源是雷电、GIS 开关操作、电晕、FACTS 转换器开关动作、无线电发射机和对讲机。前两个源产生脉冲场，第三、四个源产生宽带连续场，后两个源产生固定频率的场。

2. 实践结果

在设计重要的电缆系统时，需要通过计算机模拟来确定哪些参数是必须考虑的最重要的参数。

然而，很明显，前文所述的所有基本原则，特别是由此产生的所有缓减方法，对于减少由辐射耦合引起的高频骚扰也是有效的。此外，传播现象的引入也意味着衰减的存在。因此，至少在变电站和发电厂的情况下，辐射骚扰通常比直接感应产生的骚扰小。为了说明这一论断，简要讨论从传输线理论导出的少数解析表达式之一。可以证明在两端接地并受到电磁场照射的长屏蔽电缆端部的匹配负载上测得的共模电压的平均值可由非常简单的表达式给出

$$U_{\mathrm{L}}=\frac{2E_{\mathrm{x}}^{\mathrm{i}}h}{Z_{\mathrm{c3}}}L_{\mathrm{t}}\frac{c}{\sqrt{\varepsilon_{\mathrm{r}}}} \tag{4-5}$$

式中：Z_{c3}是屏蔽/地线的浪涌阻抗；L_t 是其转移电感（假设远大于其电阻）；c 是光速；ε_r 是导体和屏蔽之间介质的相对介电常数；h 是电缆离地高度。式（4-5）表明，平均骚扰电平实际上与线的长度无关。另一方面，应指出，当发生谐振时，即当电缆长度是 $\lambda/2$ 的整数倍时，式（4-5）无效。

众所周知，除非阻尼正确，否则谐振会大大降低电缆屏蔽的有效性。矛盾之处在于，屏蔽越好，即其电导率越高，发生欠阻尼振荡的风险就越高。这是仅在端部连接的双屏蔽电缆的屏蔽效能远低于从转移阻抗测量值推算屏蔽效能值的主要原因。式（4-5）的另一个限制来自屏蔽电缆在其端部匹配的假设。对于同轴电缆来说，这通常是正确的，但对于平衡电路而言，终端设备的共模输入阻抗通常高于电缆的特性阻抗。然而，由于共模阻抗随频率的增加而显著降低，可以假设式（4-5）给出了实际遇到的骚扰电平的良好估计。

3. 辐射骚扰实例

（1）GIS 中开关操作引起的电气暂态现象。

（2）远方雷击（距离受干扰部分几百米或更远）。

（3）电晕宽带噪声。

（4）无线电发射机产生的高频场。

4.3 电缆屏蔽层的接地

抑制高频共模骚扰要求电缆屏蔽层在两端接地，或者更准确地说，连接到设备的屏蔽外壳。前面已说明，在低频（50/60Hz，音频）下，如果仅需降低容性耦合，那么使屏蔽层在一端接地就足够了。根据负载阻抗比、回路的对称程度和接地方式的不同，共模骚扰电压在各端之间的分配方式也将不同，并可能转换为差模电压。

4.3.1　低频共模骚扰

在前文的叙述中，为了简单起见，假定负载和共模骚扰电压仅存在于一端。现在考虑图 4-16 中的电路，其中纵向低频电压 E 施加到具有终端阻抗 Z_S 和 Z_L 的屏蔽导体上，该电压可能是由共阻抗耦合或感性耦合引起的。

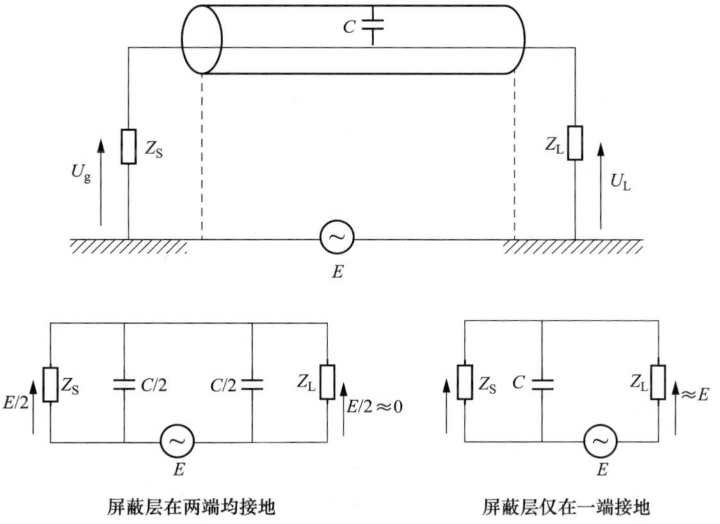

图 4-16　从纵向到共模的电压转换

注：纵向通常是指回路或传输线（或其一部分）两端之间的走向。请记住，此概念仅在低频或测量路径的定义明确时有效。在这种情况下，测量路径是沿着屏蔽层内表面选取的。因此，它只不过是屏蔽层上的电压降，是转移阻抗测量的结果。换句话说，它包括屏蔽层带来的屏蔽系数。然而，如果屏蔽层仅在一端接地，则不存在屏蔽系数，并且纵向电压表示由屏蔽层和地形成的回路中感应的实际电压，或者由接地电阻引起的电压降（地电位升）。

在许多情况下，将共模形式的纵向电压按照阻抗比转移到端部需要非常重视，特别是在装有隔离变压器，且其线路侧中点要么接地、要么不接地（悬浮）的情况下。图 4-17 为接地方式对不同类型回路的电压分布的决定作用。

4.3.2　低频共模骚扰电压

在低频时，为减少由于对称回路不完全平衡而引起的差模骚扰电压（或横向电压或工作电压），电缆屏蔽层的接地也起着重要的作用。图 4-18 给出了这种机理的说明。

根据端部阻抗值及其相对于地的不平衡度，以及导线本身的不平衡度，在每一端部将产生差模骚扰电压 U_S 和 U_L。

在这里不可能对从 E 到 U 的复杂表达式进行详细的研究和讨论。只列出两个重要结论。

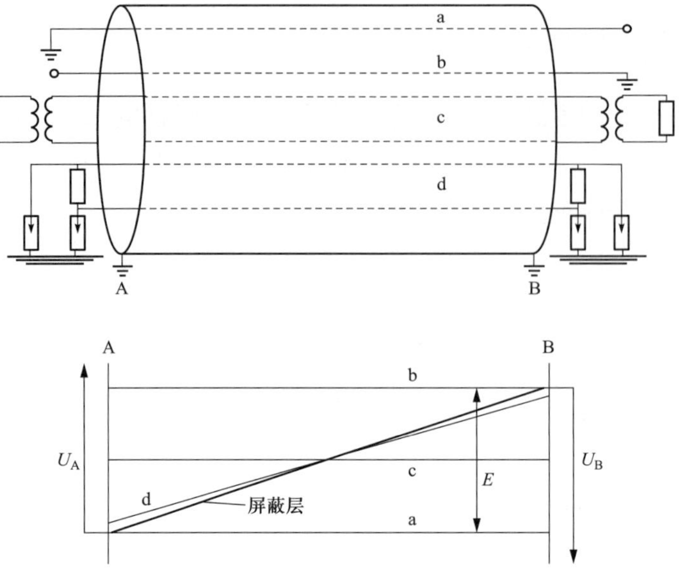

图 4-17　不同类型回路的电压分布取决于接地方式

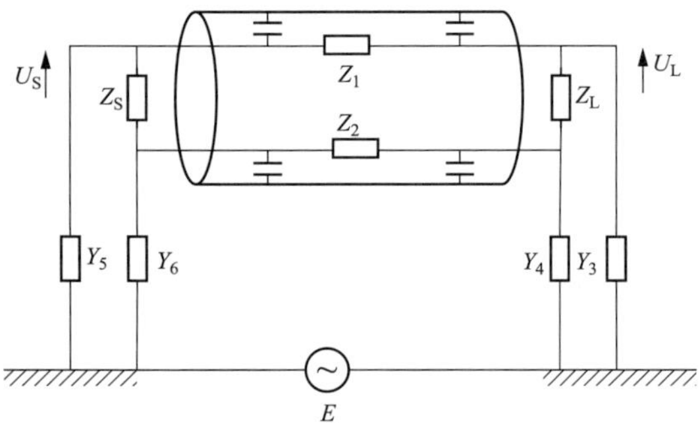

图 4-18　低频不平衡电路中从共模电压向差模电压的转换

（1）在一端阻抗（Y_3-Y_4 或 Y_5-Y_6）不平衡的情况下，如果屏蔽就在该端接地时其差模电压最小；如果屏蔽在另一端接地时其差模电压最大；如果屏蔽在两端都接地时其差模电压为中间数值。

这是由于屏蔽层在某一端接地，就相当于将屏蔽层与该端导线之间的电容接入电路。将平衡电容并联接入不平衡导纳可降低相对不平衡性。

（2）端部设备的输入阻抗（Z_S，Z_L）越低，差模骚扰电压就越低。

4.3.3　信号电缆接地的实用规则

基于上述考虑，得出了以下规则。

1. 基本规则

信号电缆和电力电缆的屏蔽层必须在两端接地。这是减少共模骚扰的最佳方法，特别是在中高频段。当屏蔽层含有磁性材料（钢、坡莫合金、铁氧体）时，即使在低频下抑制系数仍然显著（即远远小于 1）。

2. 例外规则

在下列情况下，信号电缆的屏蔽层只能在一端接地。

（1）沿电缆屏蔽层不允许流过大电流。这可能是由于在非屏蔽电力线路中出现短路故障，或者简单地说，是由于没有良好的接地网（共阻抗耦合）。然而，正如前文所述，屏蔽层中的电流削弱了骚扰磁通，产生了抑制效果。这就是为什么总是希望保持屏蔽层两端都接地，并将其特性设计得能够承受大电流。如果不可行，请设置平行接地线或加强接地网络。

（2）该回路用于传输低频低电平信号，并且相对于屏蔽层或接地层存在严重的不平衡（例如热电偶，热阻等）。

在这种情况下，屏蔽层必须在不平衡度最高的一端或回路本身接地的地方接地。屏蔽电缆中的所有回路必须在同一端接地。如果这不可能，则有必要使用电流屏障（隔离变压器）或干扰屏障（滤波器等）。对于长回路，最好是在希望差模骚扰电压有最大降幅的那一端（即在电子设备端）将屏蔽层接地。

3. 特别规则

（1）双屏蔽，通过电容器或浪涌保护器接地。

在某种程度上，有时可以将上述规则的优点结合起来使用：

1）双屏蔽电缆，只将外侧屏蔽层双端接地；

2）单屏蔽电缆，将其屏蔽层在一端直接接地，另一端则通过电容器（防止低频电流环流）或浪涌保护器（SPD）接地，这样一来只允许雷电或故障电流流过屏蔽层。

（2）同轴回路。同轴电缆是一种屏蔽电缆，其屏蔽层用作信号的返回路径。因此，适用于有源回路的一般规则都适用，屏蔽应仅在一端接地。然而，同轴电缆通常用于传输高频或甚高频信号，其中，由于集肤效应，在屏蔽层内表面上流动的电流（信号）和屏蔽层外表面上流动的电流（骚扰）之间存在自然去耦性。由于这一现象，在本章第二节中谈到处理其转移阻抗时已有描述，同轴电缆的屏蔽在大多数情况下都可以在两端都接地。当然，这时假设骚扰是高频的，或者如果不是，信号是经过高通滤波器传输的。

对于长距离连线，特别是涉及不同接地网的互连，建议不要将两端的屏蔽层接地或布设平行接地导体（ECP）。值得一提的是，电缆屏蔽层接大地本身没有意义，这只是由于与电缆屏蔽层搭接的设备需要接大地的结果。

（3）只在一端有有源元件的回路。即使电缆屏蔽层只在一端接地，高频骚扰电流也能在其中流动，并通过电容耦合经接地线返回。因此，对于只在一端涉及敏感电路的回路，可以通过仅在该端将屏蔽层接地来减少高频共模骚扰。然而，如果将这种做法推广，会引入许多例外情况，并与“通过多个接地导体实现良好等电位搭接网络”的意图相违背。因此，这种做法应被视为例外规则。

4.3.4　电缆屏蔽层和电路的主要接地方式小结

图 4-19 给出了从上述推荐中形成的各种可能的接地方式。虽然某些布置相对于接地不是两端对称的，但未指明源和负载在哪一端的指示。这是因为电路可以是双向的，也因为接地点的选择并不总是自由的。当可自由选择时，最敏感的设备应位于接地端。

（1）接地方式 a。这是最常建议的接地方式，其中信号回路仅在一端接地以避免工频干扰，屏蔽层则两端接地以使高频骚扰抑制效果最佳。该方式广泛用于与变电站开关场设备的连接（信号类型 4），以及发电厂过程控制信号或中等电平数字信号的连接（信号类型 3）。它不适用于在非对称（不平衡）电路中流动的敏感低频信号（信号类型 2b），也可能在没有参考地的高速数字电路（信号类型 1a）中引起问题。

（2）接地方式 b。在这种接地方式中，屏蔽层和信号回路的两端都接地。这构成了高频回路（信号类型 1）的最佳解决方案，但需要一个非常好的等电位连接网络，在实践中，只能在限制在同一区域的小型网络中找到。实际上，任何纵向接地电位差 E，无论其来源如何，即使按屏蔽系数 k 被抑制，也将以共模方式分配到电缆两端（比例取决于两端负载阻抗之比）。但是，由于此接地方式中的共模与差模相同，因此不会再发生进一步的降低。既然知道在低频时屏蔽系数 k 不可能比 1 小很多，很明显，当涉及低频回路或担心大的低频接地电位差时，必须避免这种接地方式。为了避免这个问题，通常优先考虑平衡布置（接地方式 c）或分离低频和高频电流的布置（接地方式 e）。

（3）接地方式 c。这利用了平衡电路原理，其中终端设备及其与信号回路的连接相对于地等同布置（电气）。这种电路可以悬浮或采用中点接地连接。它主要用在需要远距离传输的远方控制回路中。电缆屏蔽层两端接地，屏蔽纵向骚扰。这种接地方式有时很昂贵，但它解决了从最低频率（需要平衡电路）到最高频率（需要屏蔽）的干扰问题，因此适用于所有类型的信号。

（4）接地方式 d 和 d′。它们是低电平信号（信号类型 2a）的常用布置，当存在低频骚扰时，可以保持低水平的差模骚扰（不平衡电路）它们也可用于不接地端（对纵向干扰没有保护）仅包含无源或不敏感元件的电路。当比较这两种接地方式的布置时，似乎方式 d′ 不接地的机箱提供更好的屏蔽性能（屏蔽具有连续性），但有时会导致安全问题（接触电压）。因此，通常仅用在位于接地设备附近的小型设备上。

（5）接地方式 e。在这种方式中，利用去耦电容器实现高频电流和低频电流的分离，即对高频骚扰电容器良好导通实现了双端接地的高频屏蔽系数，而对低频骚扰电容器的阻止作用降低了由信号回路不平衡导致的任何低频差模干扰。信号回路的高频接地可由杂散电容或去耦电容实现。

（6）接地方式 f。这种双屏蔽回路结合了接地方式 a 和 d 的优点，在整个频率范围内对所有类型的干扰提供了良好的保护。因此，它适合在恶劣环境中对低电平低频信号（信号类型 2）的保护。

（7）接地方式 g。多点接地的同轴布局通常用于将甚高频信号传送到对低频或高频干扰都不十分敏感的设备。对于工作频率远高于常见干扰频谱的微波无线电设备，情况尤其如此。当距离很短（几十米），并保证有良好的接地网的情况下（见接地方式 b），它也被广泛用于高速数字信号（信号类型 1a）。当转移阻抗足够低并且干扰电流受到良好接地网或平行接地导体（ECP）的限制时，它也适用于更长的距离。

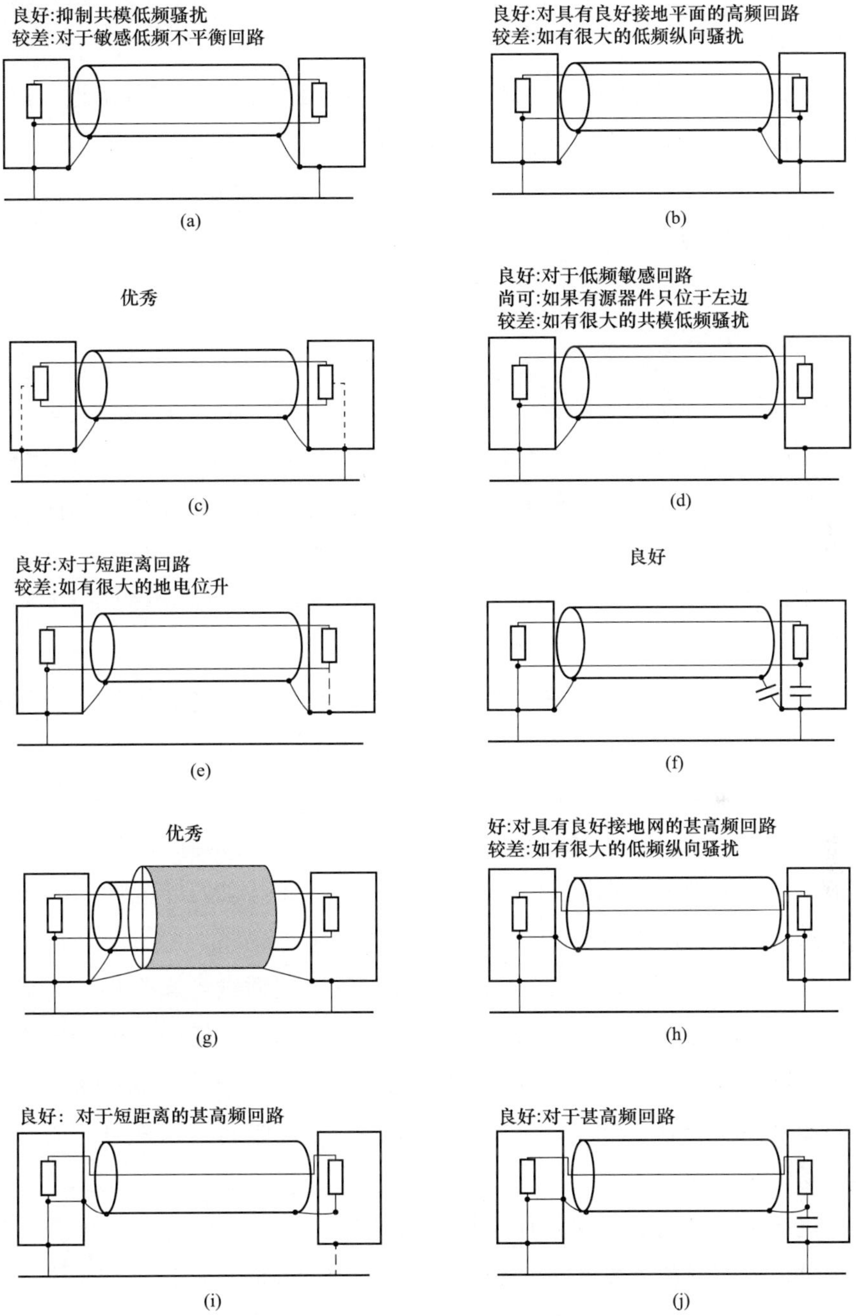

图 4-19 电缆屏蔽层和回路的各种接地方式

（a）接地方式 a；（b）接地方式 b；（c）接地方式 c；（d）接地方式 d；（e）接地方式 d′；（f）接地方式 e；（g）接地方式 f；（h）接地方式 g；（i）接地方式 h；（j）接地方式 i

（8）接地方式 h。当外导体的（低频）骚扰环流可能干扰到信号时，应采用单点接地的同轴布局。当回路连接到不同接地网时可能发生这种情况。它还可用于连接浮地设备，如摄像机或监视器。如有必要，浮地设备可通过电容器（虚线）接地。显然，与接地方式 f 一样，采用三同轴布局有时可以解决所有可能的干扰问题，因此，可以推荐用于非常敏感的电路，例如信号类型 1。

（9）接地方式 i。与接地方式 e 一样，该布局将屏蔽层通过电容器接地，以确保良好的高频屏蔽效果，而不存在低频电流环流带来的风险。

4.4 外壳屏蔽

4.4.1 基本机理

以前章节已述及，电缆的屏蔽是怎样降低干扰电平的。根据耦合的类型（容性的，感性的），涉及不同的机理。容性耦合骚扰来自电场，主要靠屏蔽防护，其作用相当于短路。因此，这需要至少有一点接地。感性耦合骚扰来自磁场，通过电流在屏蔽体内的循环而减小。这种环流作为二次电源，由它产生的磁场，反作用于原来的磁场。因此，为使屏蔽体中能够流过环流，它至少应有两个接地点。除上述两种，第三种屏蔽是用金属片状体将某一个体积完全包容起来，这三种方式都是屏蔽的基本机理。

在被称为静电屏蔽的电屏蔽机理中，电力线（等场线）向屏蔽体表面弯曲［见图 4-20（a)］，就好像它们被屏蔽体吸引并短路，其结果是屏蔽区内的电场几乎为零。

在被称为涡流屏蔽的磁屏蔽机理中，外磁场在屏蔽体内感应出电流（如同在电缆屏蔽层中感应电流一样），形成另一个磁场，这个新磁场排斥原有磁场［见图 4-20（c)］。通常可以根据不同的材料类型识别不同的屏蔽机理。例如，当材料的导电性大于导磁性（例如铝和铜）时，采用涡流机理进行屏蔽。

第三种机理［见图 4-20（b)］称为静磁屏蔽，只对低频磁场起作用，与静电屏蔽作用于电场完全相同。这种屏蔽对磁力线提供一个低磁阻通路（不仅是一个低电阻通路，除了电气短路之外，还导致了磁短路），其结果是磁力线被吸入屏蔽体，而屏蔽区内的磁场减小了。当材料的导磁性大于导电性（例如高导磁合金、晶粒取向钢、铁氧体磁环）时，静磁屏蔽通过屏蔽材料来识别。

在这三种机理中，涡流的磁屏蔽作用更为重要，在中高频段占主导地位。当频率低到足以忽略涡流时，静磁屏蔽占据主导地位。只有相对磁导率大于 1 的屏蔽体才能在这个频率范围内有效。屏蔽机理如表 4-1 所示。

表 4-1　　屏　蔽　机　理

常用名称	静电屏蔽	静磁屏蔽	涡流屏蔽
作用于	电场	磁场	磁场
基本机理	场线终止于屏蔽体的电荷上	场线被屏蔽体吸收	屏蔽体中的感应电流排斥场线

续表

常用名称	静电屏蔽	静磁屏蔽	涡流屏蔽
屏蔽材料应有的性能	电导率（在低频时弱电导率已足够）	高磁导率	高电导率（在低频下）
低频时的效益	优	良好。当屏蔽层足够厚时	不好（对直流无效）
高频时的效益	优（屏蔽层有孔时电力线将透入）	不能肯定：涡流开始起作用，并且 $u_r \to 1$	优（屏蔽层有孔时磁力线将透入）

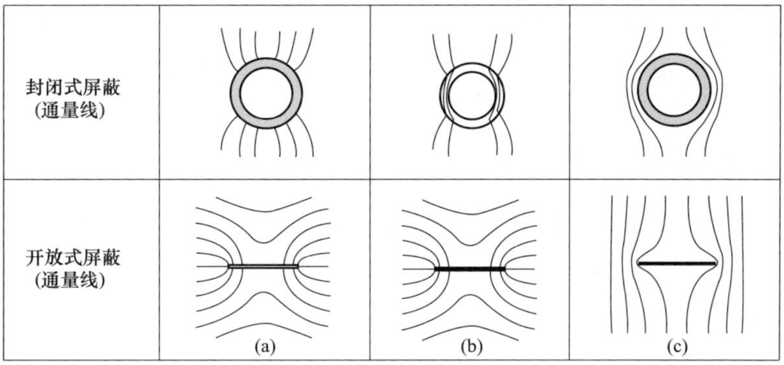

图 4-20　屏蔽机理

通常，屏蔽体是指将空间划分为干扰源区和屏蔽区的物体。根据屏蔽体的几何形状，这两个区域可以完全或部分隔离。开放式屏蔽部分隔离干扰源和屏蔽区，封闭式屏蔽完全隔离这两个区域。对于封闭式屏蔽，屏蔽区出现磁场的唯一机理是穿透屏蔽。如果没有磁场穿透屏蔽体，封闭式屏蔽具有良好的屏蔽效能，而开放式屏蔽则具有一定的非零级磁场泄漏。磁场通过缝隙、小孔或屏蔽体的边缘处渗入。

1. 封闭式屏蔽

显然，在考虑封闭式屏蔽时，屏蔽体厚度是一个重要因素。一般来说，较厚的屏蔽体会产生较好的屏蔽。然而，由于前一节讨论过的集肤效应影响，屏蔽效能将递减。

2. 开放式屏蔽

开放式屏蔽通常用于屏蔽较大的干扰源，如变压器室。在这种情况下，由于现有的管道、导管和其他固定装置，封闭式屏蔽难以实施。

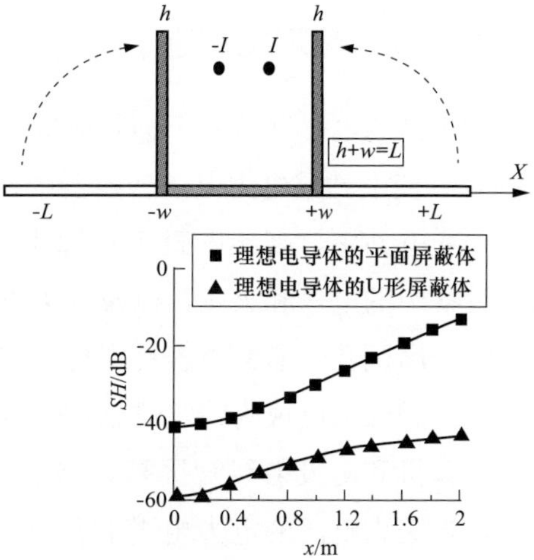

图 4-21　平面屏蔽与 U 形开放式屏蔽效能比较

显然，屏蔽的范围和形状是考虑开放式屏蔽的重要因素。一般来说，屏蔽体形状越接近封闭屏蔽，屏蔽效能越好。图 4-21 中的简单示例显示了这一点。将 PEC 材料制成的平面屏蔽体向水平偶极源弯曲以形成 U 形屏蔽体。图 4-21 所示为两种情况下，在屏蔽层以下 0.5m 处的屏蔽效能。显然，U 形屏蔽比平面屏蔽具有更好的屏蔽效能。这与磁场泄漏机理在很大程度上取决于开放屏蔽体的几何形状这一事实是一致的。

在开放式屏蔽的分析中，常用的方法是将良好的涡流屏蔽体和良好的静磁屏蔽体分别近似为理想电导体（PEC）和理想磁导体（PMC）。

这里，PMC 屏蔽可以定义为具有无限大的磁导率和零电导率的屏蔽。在电源频率下，低电导率的高磁导率屏蔽接近这种情况。直流磁场中的高磁导率屏蔽体也接近这个条件，与导电性无关。完成此操作后，屏蔽体的穿透和泄漏效应将被分离。这种理想材料假设的另一个结果是，利用共形变换理论可以导出解析的封闭形式解决方案。

4.4.2 金属壳体的传输阻抗

金属屏蔽能使电磁场衰减，即减小干扰源与彼此非电接触的受干扰方之间的耦合。如果这些电缆是屏蔽的，且这些屏蔽又与壳体正确地绑接，则在电缆屏蔽层中流过的电流也将流过壳体，经由大地或其他电缆屏蔽层返回。根据电缆屏蔽与壳体之间的绑接方式、壳体的特性（材料、连续性、存在开口等），以及壳内回路和壳体之间的耦合，在这些回路中的敏感元件上有可能出现干扰电压 U。比值 U/I 被定义为壳体的转移阻抗 Z_t（相对于特定电路和特定端口）。对于设计良好的壳体，由于集肤效应，当频率升高时，Z_t 随频率的上升而下降。然而，在多数实际情况下，如电缆屏蔽，会产生一些感性效应，它降低了整个屏蔽体系的效能（指壳体和电缆的总体屏蔽效能）。金属壳体的转移阻抗是个很重要的因素，常被忽视。特别是在高频传导骚扰方面，如快速瞬变或静电放电等，Z_t 是耦合机理中起重要影响的因素之一。

4.4.3 建筑物屏蔽

建筑物的电磁屏蔽对于辐射或抗扰性是必要的。在某些情况下，干扰源可能是内部的，如在 GIS 变电站或电力电子转换器中，这些干扰源也可能来自外部导体。

在变电站中，高频电磁干扰源来自电力电子设备（如 FACTS 和 HVDC）中的换向、高压设备中的电晕和火花，以及开关事件（尤其 GIS 设备）。通过在墙壁或窗户内设置导电栅格或金属网孔，通常更容易实现对建筑物辐射和抗扰的高频屏蔽。

建筑磁环境已成为建筑设施设计和运行中的一个重要问题。磁场会影响敏感的电信设备、计算机和阴极射线管屏幕，需要将其保持在健康和安全范围内，特别是长期接触时。通常，输送大电流的电力电缆和母线被认为是干扰源，它们在周围区域产生足够的磁场。邻近的输电线路、地铁的电网和建筑物外的其他设施也是严重的干扰源。

电磁屏蔽被公认为降低外部 ELF 磁场的有效措施之一。该措施可应用于建筑物。当考虑大范围（如变电站或体积大的建筑物内的房间）电磁屏蔽时（如变电站或屏蔽体积大的建筑物内的房间)，必须使用大型金属板。

商业建筑中经常使用平面屏蔽和封闭屏蔽（如矩形外壳）两种不同类型的屏蔽。平面屏蔽是指金属板，它通常用于屏蔽较大的干扰源，如变压器室或大屏蔽空间（如受影响的房间)。对于与变压器室相邻的受影响房间，可以在面对变压器的墙上安装屏蔽。如果变压器位于相邻楼层，也可以考虑在天花板上或地板下安装屏蔽层。在此，几张板片被连接起来，以将屏蔽区与干扰源分开。屏蔽体上的气隙或接缝是不可避免的。但是，采用重叠相邻薄板的方法，可以将接缝处的磁场泄漏降到最小。

在电气设施中，经常使用矩形外壳（线槽）来放置电缆或母线。主要目的是为导体提供保护，防止机械应力、火灾等。由于其金属性质，这些外壳也表现出一定程度的磁性屏蔽。

由于屏蔽效能取决于干扰源屏蔽的整体配置（干扰源的类型、方向和相对于屏蔽体的位置)，考虑哪种屏蔽方案是可行的很重要。因此，首先要确定主要干扰源的位置和特征，这可以在现场调查中通过磁场测量完成。通过这个过程，首先确定每个干扰源是否具有单导体源、单相源或三相源的特性。然后，确定方向为水平、垂直或其他方向。在确定干扰源的情况下，表 4-2 可以用来帮助确定哪些屏蔽选项是切实可行的。

表 4-2　建筑物工频磁场屏蔽建成

常用名称	两种屏蔽机理		静磁屏蔽		涡流屏蔽	
屏蔽结构	封闭式屏蔽		开放式屏蔽			
单线接地（返回电流远）	不适用	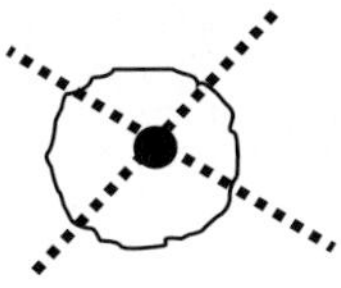	不适用	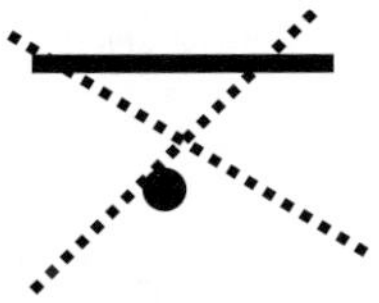	不适用	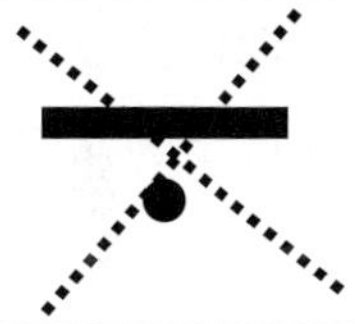
单相	优	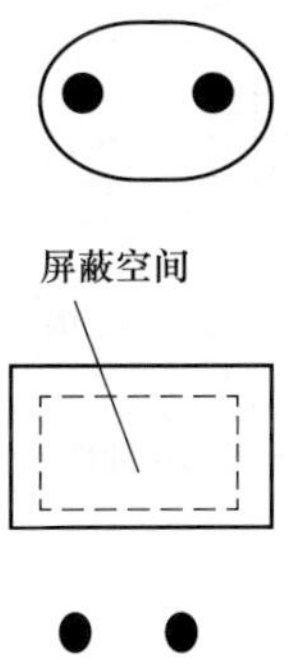	昂贵的（如高渗透性合金或铁氧体材料）	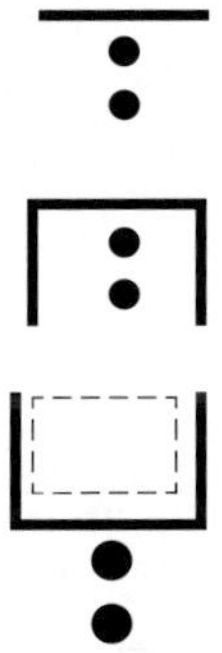	好（如铝、铜、钢）	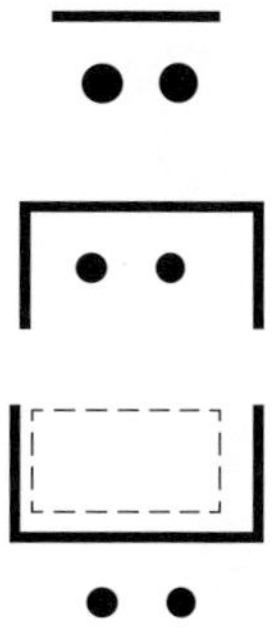
三相	优	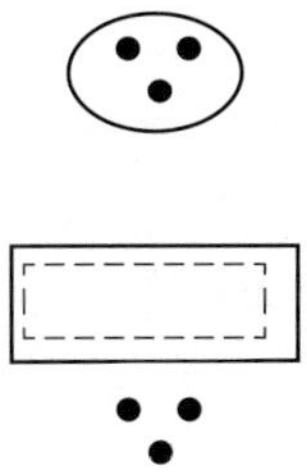		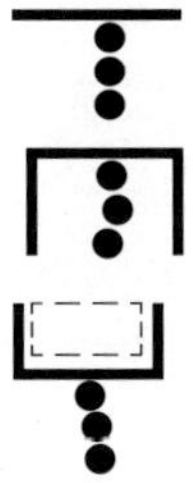		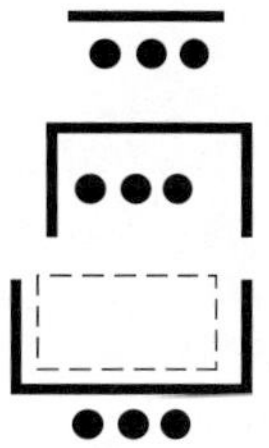

续表

常用名称	两种屏蔽机理		静磁屏蔽	涡流屏蔽
水平和垂直方向多源	优	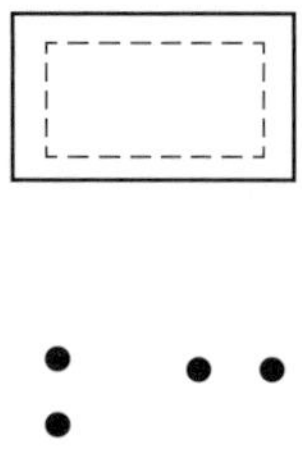	双层屏蔽（一层静磁屏蔽，一层涡流屏蔽）	
			相当好（另一种选择是由合金制成的单层屏蔽，其损耗也取决于干扰源的方向［CC，DD］）	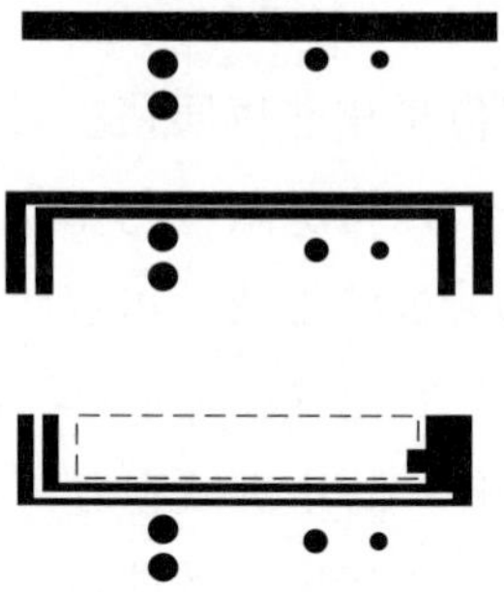

4.5 电磁兼容的搭接网及其与接地网的连接

搭接网络有星形网络和网状网络两种方式。

4.5.1 星形网络或分离的搭接网络

星形网络的原理，每个设备只在一点与接地网通过单线直接相连，这个连接点只能由属于同回路或同系统的设备共享（见图 4-22）。其思想是尽可能防止由于电流在接地网中流动而产生的共阻抗耦合。这种做法在今天已不太适用，至少用得有限，原因如下。

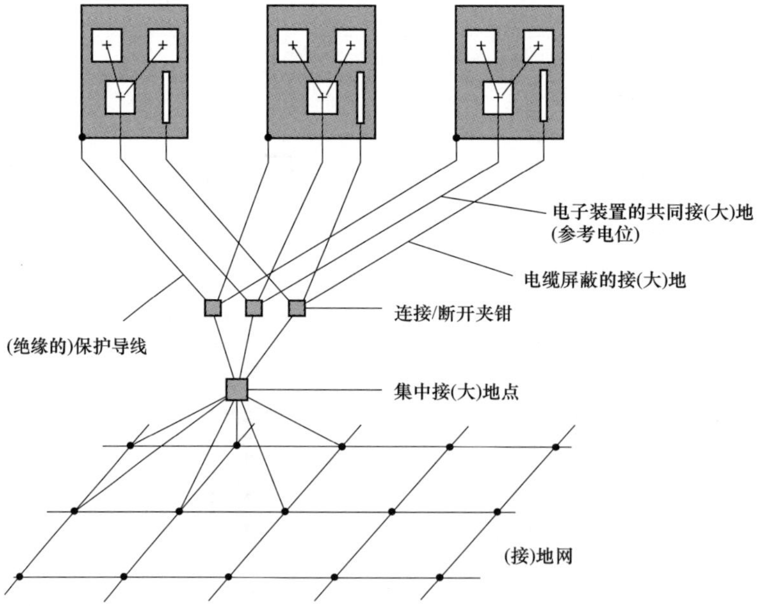

图 4-22　星形接地网络

（1）接地系统不同于排水系统，在该系统中，越来越多的排水管汇聚到一根目的地为“不确定”的主管［见图 4-23(a)］。实际上，接地系统由一组导体组成，在这些导体中，电流可能会在设备的接地端子之间流动而不是流向大地［见图 4-23(b)］。

（2）图 4-23(b) 中的接地连接并非唯一的，它只是总电流回路的一部分，根据电荷守恒定律 $\mathrm{div}(J+\mathrm{d}D/\mathrm{d}t)=0$，总电流必须有进有出。

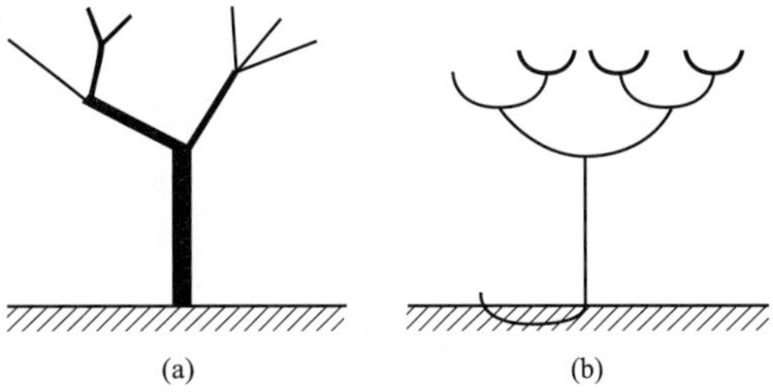

图 4-23　接地系统

(a) 不准确；(b) 较准确

因此，可能出现两种情况：①设备通过一个单一的连接线接地，没有电流流过它；②骚扰电流流过这个接地线，然后通过其他不希望的和不受控制的路径返回设备。此外，尽管有这一基本原理，但接地导体可能很长，在高频时电感很大，接地效果不好。现代电子设备对诸如快速瞬变和静电放电等高频骚扰特别敏感，所以这种接地方法已过时了。

图 4-23 为接地系统如何起作用的示意图，线路的粗细表示其中电流的大小，因此，必须对接地系统进行相应的设计。

4.5.2　网状网络

相对于星形网络，网状网络（见图 4-24）由大量的内部互连的导体群组成。不必考虑避免多个接地回路，但要尽量使它们面积小，以减少其阻抗。

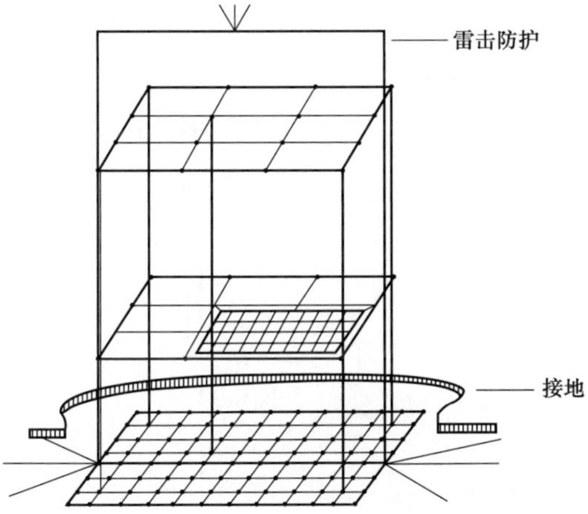

图 4-24　网状接地网络

要尽量做到等电位互联，这样不仅构成低阻抗返回路径，而且还构成电磁场屏蔽。随着这一技术在电气和通信领域的广泛应用，实际存在的所有金属结构部件，水平的、垂直的，都可以利用（如框架、轨道、工字梁、水泥中的加强钢筋，电缆支架，交流电力管道等）。这样就实现了一个三维接地平面，该接地平面可以依次在多个点连接到接地网（保护接地）。安装的设备越敏感（如计算机），接地网格应越小。网状搭接网络的主要优点之一，除了它的高效性外，是它非常容易建立，不需要任何控制或校核，而且是自我发展的。所有的新增设备、新的搭接元件和新的屏蔽体都自然地对整个网络的效能起着加强作用。有了良好的网状网络后，孤立的接地导线就可以不用了（但 PE 安全接地导线仍应保留）。

4.5.3 混合网络

一些组织支持混合式接地网络，在局部区域中发挥网状网络的优势。例如，建筑物的每一层或每一个房间，但保持与大地的单一连接，用于外部电流（如雷击电流）的流通。

这一概念在一些设施中得到了证明，但也有一些缺点：

（1）首先，安全搭接网（即 PE 接地导线）与 EMC 搭接网之间存在互连问题。需要使用隔离变压器或二级设备；

（2）其次，认为各个分离的搭接网（IBN），是经过充分考虑的，以后在不使用电气隔离的情况下，在属于不同搭接网的设备之间增加新的连接（通信电缆、LAN 等）是没有问题的，但这是不对的。

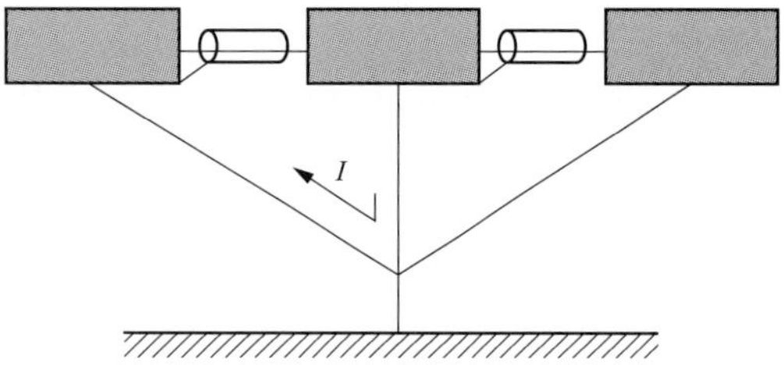

图 4-25　星形网络中的闪络和电流返回路径

这个系统太复杂，难以维护。任何一个意外的轻微短接事故都会形成一个很长的感应路径，由此产生很大的电压降及随之而来的其他问题。如图 4-25 所示为星形网络中的闪络和电流返回路径。

将所有电缆屏蔽层两端都接地（在大多数情况下是最好的方法），实际上无法实现。对于混合接地网，应该保留的唯一原则是，强干扰回路即电压或电流差异较大的回路之间，应尽量保持较远的距离。例如，应避免在避雷针附近安装敏感的电子设备（或任何可能起到这种作用的导体，如通风井或电梯）。在这方面，建议将防雷导线单独接至地面网状接地网，然而，这也不总是易于实现的（有时是不可能的，如在一些通信大楼）。此外，在发生高风险闪络时，具有多个接地点的设施的表现将优于只有单一接地点的设施。图 4-26 为有多个或单个接地异体的两种不同接地结构中的雷电感应电压。

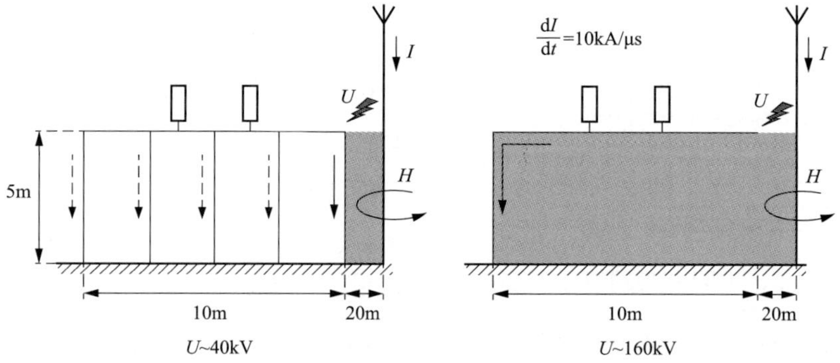

图 4-26　有多个或单个接地导体的两种不同接地结构中的雷电感应电压

第5章　变电站接地技术

接地技术最早是应用在强电系统（电力系统、输变电设备、电气设备）中，为了设备和人身安全，将接地线直接接在大地上。由于大地的电容非常大，一般情况下可以将大地的电位视为零电位。后来，接地技术延伸应用到弱电系统中。对于电力电子设备将接地线直接接在大地上或者接在一个作为参考电位的导体上，当电流通过该参考电位时，不应产生电压降。然而由于不合理的接地，反而会引入电磁干扰，比如共地线干扰、地环路干扰等，导致电力电子设备工作不正常。

5.1　主接地网

5.1.1　主接地网设计原则

1. 主接地网设计的基本原则

发变电站接地系统一方面将故障电流流散到土壤中，另一方面使跨步电位差和接触电位差限制在人体允许的安全范围，以确保设备与人身安全。接地电阻值是发变电站接地系统的重要技术指标，它是衡量接地系统的有效性、安全性以及鉴定接地系统是否符合设计要求的重要参数。

根据 GB/T 50065—2011《交流电气装置的接地设计规范》，发电厂、变电站的接地装置，除了利用自然接地极外，应敷设以水平接地体为主的人工接地网。人工接地网的外缘应闭合，外缘各角应做成圆弧，圆弧的半径不宜小于均压带间距的一半，接地网内应敷设水平均压带。水平接地网的埋设深度不宜小于0.6～0.8m，有条件的埋设在1m以下。根据国内变电站的接地设计经验，500kV及以上电压等级变电站的水平接地网的均压带间距一般取10～15m，在边角处均压带间距可按6m左右，但应不小于5m。

设计接地系统时，经常采用等值电阻率来等效实际复杂的土壤结构，并以此为基础进行地网接地电阻的估算。土壤电阻率测试结果的准确与否决定着设计电阻值与实际电阻值之间的差距，当土壤电阻率测试偏差较大时，实际电阻值可能无法达标。在这种情况下有必要在前期勘测阶段准确测量土壤电阻率。土壤电阻率的测量是接地系统设计过程中的重要参数，也是前期接地系统仿真所需的核心参数。如何简便、准确地测量土壤电阻率，特别是大型接地系统中大极间距下的土壤电阻率是长期困扰电力工作者的一大难题。

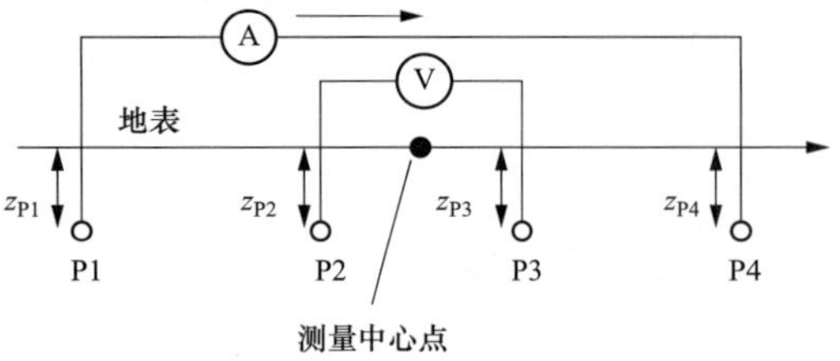

图 5-1　极法的布线和测量示意图

站址土壤电阻率的测量方法沿用 DL/T 5159—2012《电力工程物探技术规程》中的四极法进行，图 5-1 为测量示意图。测量方法包括①现场勘查，确定测量中心点；②保持测量中心点位置不变，以选定方向布线进行等距四极法的测量，极距 d_i 按特定原则选取；③以均方根误差公式 F_{rms}进行土壤模型的一维反演和三维反演。

GB 50065—2011《交流电气装置的接地设计规范》对变电站地网的接地电阻提出如下要求：

（1）接地网的接地电阻宜符合下式的要求，且保护接地接至变电站接地网的站用变压器的低压应采用 TN 系统，低压电气装置应采用（含建筑物钢筋的）保护总等电位连接系统

$$R \leqslant \frac{2000}{I_G} \tag{5-1}$$

式中：R 为考虑季节变化的最大接地电阻，Ω；I_G 为计算用经接地网入地的最大接地故障不对称电流有效值，A。

I_G 应采用设计水平年系统最大运行方式下在接地网内、外发生接地故障时，经接地网流入地中并计及直流分量的最大接地故障电流有效值。对其计算时，还应计算系统中各接地中性点间的故障电流分配，以及避雷线中分走的接地故障电流。

（2）当接地网的接地电阻不符合式（5-1）的要求时，可通过技术经济比较适当增大接地电阻。在符合上述规范第 4.3.3 条的规定时，接地网地电位升高可提高至 5kV。必要时，经专门计算，且采取的措施可确保人身和设备安全可靠时，接地网地电位升高还可进一步提高。

2. 接地保护在设计时的基本要求

（1）接地保护在设计的时候，首要考虑保护人身安全，在所有的电气设备里面，都必须要设计相应的接地装置，除此之外还需要把电气设备的外壳进行接地。

（2）在面对多种不同的电气设备时，不管是用途不同还是电压不同，都应当将其综合起来设计一个总的接地装置。

（3）如果说接地装置在进行接地时出现了困难，工作人员可以用绝缘台来对电气设备进行相应的维护，但是需要注意的是，此时人只可以站在台上才能够触及存在危险、没有接地的那一部分。

（4）电气设备在使用人工接地时，要尽可能地把在电气设备全部所在地点旁边的对地电压进行均匀的分配。大接地短路电流电气设备一定要装设环形接地体，并加装均压带。除上述外，工作人员在设计接地装置的时候，还需要特别注意，那就是工作人员一定要考虑到一年当中都可以确保接地电阻自身的要求值。

3. 接地网评估

对于如何进行大型接地网的安全评判、应选择哪些参数一直有不同的意见，国内外不同的规程规定也不一。目前主要有三种评判方法：①以跨步电位差和接触电位差作为地网是否合格的判据；②应采用接地电阻和网格电压作为接地网的安全判据；③以接地电阻、接触电位差和跨步电位差综合判断接地网是否合格。

不同的评判方法中包括的接地网安全性能评估重要参数主要包括接地电阻、接触电位差、跨步电位差以及转移电位等。其定义与测试方法分别如下。

（1）接地电阻：接地极或自然接地极的对地电阻和接地线电阻的总和，称为接地装置的接地电阻。接地电阻的数值等于接地装置对地电压与通过接地极流入地中电流的比值。按通过接地极流入地中工频交流电流求得的电阻，称为工频接地电阻；按通过接地极流入地中冲击电流求得的接地电阻，称为冲击接地电阻。

（2）接触电位差：接地短路故障电流流过接地装置时，大地表面形成分布电位，在地面上离设备水平距离为处与设备外壳、架构或墙壁离地面的垂直距离处两点间的电位差，称为接触电位差；接地网孔中心对接地网接地极的最大电位差，称为最大接触电位差。

（3）跨步电位差：接地短路故障电流流过接地装置时，地面上水平距离为的两点间的电位差，称为跨步电位差。接地网外的地面上水平距离处对接地网边缘接地极的电位差，称为最大跨步电位差。

（4）转移电位：接地短路故障电流流过接地装置时，由一端与接地装置连接的金属导体传递的接地装置对地电位。

第一种评判方法认为安全判据的目的是保障人身和设备的安全，限制接地电阻到一定数值只是具体实现手段。同时，接地系统的总接地电阻与可能遭受的最大冲击电流之间是有关的，冲击电流下的接地电阻并不一定与工频下的接地电阻相等。而当人体接触设备时，人体可能承受的电压与环境等因素也有关。

接地电阻符合要求的地网仍发生控制设备因单相接地或两相接地故障而烧毁的事例，调查表明是接地网内各点电位分布不均匀所致。因此第二种评判方法认为，为保证接地网的安全运行，应该以控制地电位升高甚至主要以控制网内电位分布为主，充分考虑接地网电位梯度所带来的危险。在美国变电站安全接地导则中，在对接触电位差、跨步电位差和网格电压进行比较后，认为网格电压是影响安全运行的主要因素。因此建议，把决定着地网最大电位升的地网接地电阻和人体站于接地网格中可能出现的最不利接触电压（即网格电压）作为接地网的安全判据。第三种评判方法实际上综合了以上两种方法的优点，提出的安全判据实际上更为严苛。

目前我国现行的 GB/T 50065—2011《交流电气装置的接地设计规范》中规定了有效接地和低电阻接地系统中发电厂、变电站电气装置保护接地的接地电阻应符合式（5-2）给出的值。

$$R = \frac{2000}{I_S} \tag{5-2}$$

接地系统的合理设计不仅要求限制接地电阻以限制地网电位升，而且要限制地网的接触电压和跨步电压，确保人身安全。

在一般的接地设计中，均压带在地网中均匀布置，此时边角网孔的接触电压比次边角网孔的接触电压高20%～30%，比中心网孔的接触电压将高出更多。针对均压带均匀布置的缺点，Sverak等人提出了不等间距布置均压带以使地表面电位分布均匀的方法。重庆大学陈先禄教授领导的研究小组对均匀土壤中水平地网的导体优化布置规律进行了深入的探究，得出了可供工程实用的解析计算方法。国外也有学者对双层土壤中的水平地网进行了接地导体不等间距优化布置规律的研究。

我国现行标准和IEEE变电站安全导则以及上述计算机数值计算方法，都是以接地网等电位为前提条件的。对于电压等级较低的变电站，由于接地网面积小，接地网上各处的电位可以近似认为是相等的，所以在接地网面积不大时等电位计算方法具有很高的实用价值。但是随着电力工业的发展，故障时进入地网的短路电流越来越大，接地网面积也越来越大，接地网的最大对角线一般为数百米甚至上千米，电流经注入点流向地网边角时所经过的路径很长，导体的轴向电流在导体电阻和电感上的压降已不能被忽略，接地网上不同点可能存在较大的电位差，即实际接地网为不等电位分布。

此时仍以等电位模型计算将存在下述缺点：

（1）国外发达国家普遍采用铜材接地网，而国内采用钢材接地网，等电位模型不能反映接地导体材料对接地网性能的影响。

（2）大容量变电站占地面积大，电气设备分布范围广，故障时通过大故障电流的设备所处的位置不同，即电流注入点的位置不同，使得接地网的电位升高不同，等电位模型不能反映这种差异。

（3）变电站控制室内的保护和自动化设备一般通过较长电缆与开关站内电气设备相连，这些电缆的屏蔽层多在两端接地，故障时接地网的内部电位差可能造成反击或电缆皮环流使得二次设备的绝缘损坏，导致监测或控制设备误动或拒动，而使事故扩大，等电位模型不能反映地网内部的电位差异。

（4）通过故障电流的电气设备可能通过多条接地引下线与接地网的不同部位相连，即存在故障电流在接地网上同时多点注入的可能性，等电位模型不能反映电流多点注入地网时的接地网性能。

（5）地网等电位接地参数计算中，地网内的最大接触电压总是边角网孔的网孔电压，而实际的大型接地网的最大接触电压却可能为电流入地点附近网孔的网孔电压。接地网不等电位数值计算，国内已有研究人员进行过研究。计算模型中仅考虑了导体自身电阻的影响。计算结果表明，在接地导体很细的条件下，接地网才存在不等电位问题，而在一般实际工程中，地网等电位模型与地网不等电位模型的计算结果相差不大。因此，不考虑导体电感的影响，不能解释双河 500kV 变电站短路试验中接地网的不等电位问题。

目前国内外还没有文献较全面论述大型接地网的接地阻抗和地网内部电位差等问题。国外发达国家普遍采用铜材作接地网，而国内多采用钢材作接地网。钢的磁导率和电阻率都比铜的磁导率和电阻率高很多，所以可以预见国内的钢材接地网比国外的铜材接地网的不等电位问题严重得多，特别是钢材磁导率本身的饱和特性使得准确地计算钢材接地网的接地参数变得较为困难。

5.2　变电站二次接地网

5.2.1　变电站一、二次设备技术的发展

除了上述主接地网发生了变化之外，变电站一、二次设备也发生了较大的变化。特别是二次设备的数字化、智能化的发展，使得一、二次设备电磁兼容问题和原来继电器时代千差万别。

许多年来，电子设备是基于使用低频模拟量信号。所以采用星形接法并将安全地、电气及电子地隔开以避免形成 50/60Hz 电流环路，这种做法看来似乎是很自然的。当前，随着现代电子设备的增加及它们对于高频骚扰敏感程度的增加，以及对于干扰的机理有了较多的知识，上述的接地原则不再合适了。相反，放弃这个原则不仅有助于处理 EMC 问题，而且可以显著地简化电缆敷设，并且避免了隔离不同接地导体之繁。

1. GIS 设备和常规设备电磁骚扰区别

而随着 GIS 设备的日益发展，GIS 设备电磁骚扰特性也和常规敞开式变电站（AIS）设备电磁骚扰特性存在明显的区别。

AIS 设备配置具有布置分散、涉及范围大，且连接母线长的特点，电路电感及对地分布电容较大，系统特征阻抗大（300Ω）；而 GIS 设备配置具有布置集中、紧凑，涉及范围小的特点，电路电感及对地分布电容较小，系统特征阻抗小（60Ω）；暂态电流直接与特征阻抗有关，GIS 组合电器阻抗小，暂态电流更大（磁场更强）。因此，在操作过程中 AIS 设备与 GIS 设备产生的电磁暂态过程有明显的不同，主要区别在于以下几方面。

（1）GIS 组合电器电磁暂态过程中的主导频率较高（通常 10～100 倍于 AIS）；电路连接处的场强幅值要高一些；阻尼高一些；持续时间短一些；与外电路连接阻抗参数不匹配驻波比较高。当正向波与反射波在同相位相遇时，正向波和反射波叠加产生更高峰值的驻波，并向外辐射能量更大的骚扰电磁波。

（2）由于主导频率高、驻波比高，在电路连接处的电磁波辐射能量大，由此产生的共模骚扰就要比 AIS 设备大。在此情形下，除了要采用 AIS 设备适用的接地措施外，还要在

其基础上加强，否则，在操作隔离开关时，在二次回路中要感应出极高的电压，足以引起不直接接触的接地金属部件之间的放电，包括未接地或接地不正确的电缆屏蔽层。对于GIS组合设备中附带有二次线设备时，由于GIS高压设备和电子设备之间的距离都很小，上述问题相当突出，必须引起高度的重视。

二次接地网是变电站内降低电磁骚扰的最基础和最重要的措施。因此针对GIS设备而言，搭接一个好的二次接地网将比AIS设备显得更为重要。

除了通过二次接地措施加强二次设备的抗干扰能力外，更重要的是加强作为骚扰源的一次线设备的接地，以此降低骚扰波的强度，降缓其对二次线设备的电磁骚扰。

2. 电力电子设备和常规设备电磁骚扰区别

电力电子装置以其高效率的电能转换而著称，正日益广泛地用于工业与民用的电力变换和传动控制。据估计，有50%～60%的电能要流经某种电力电子设备后才能为人类所利用，最终这个比例可能上升到100%。而电力电子装置的高频化和大容量化不仅导致器件所承受的电应力和开关损耗的增加，而且产生难以抑制的宽带电磁干扰，对电网和环境造成严重污染，甚至威胁到装置本身乃至与之相关的其他电子设备的正常工作。根据有关数据统计，世界用电量平均每年上升7%～14%，按此速度计算，25年后空间电磁能量密度最高将达到现在的26倍，50年后达到700倍。因此，21世纪电磁环境恶化已成定局。这种电磁污染不仅限于设备，还关系到人类本身。

电力电子系统的干扰具有如下几个特点：一是装置功率大，电力电子装置中的半导体器件工作在开关状态，在换流过程中将产生前后沿很陡的脉冲（di/dt可达1A/ns，du/dt可达3～10V/ns），引发严重的电磁干扰；二是频率高，高频大功率装置会产生强的电磁场（近场）辐射，严重影响周围的电磁环境和电网；三是体积小且控制复杂、性能高、功能全，装置内部的控制电路还要承受其主电路及工业应用现场电磁噪声的干扰。

电力电子设备的这些特点决定了电力电子设备和常规设备的电磁骚扰是有区别的，主要区别在于以下几方面。

（1）干扰严重。随着电力电子技术的迅速发展，功率器件的集成化，出现了各种新型电力电子器件，开关频率越来越高，功率越来越大，控制电路也越来越复杂。电力电子设备主电路中的功率开关器件在高速开关过程中会产生较高的du/dt和di/dt，由此会产生严重的传导电磁干扰，有时还会引起强电磁辐射。这些电磁干扰会对周围的电子、电气设备产生严重影响，并有可能危及工作人员的安全。另外，这些电力电子设备大多采用PWM技术，其输出的电压和电流功率谱是离散的，会产生大量与开关频率相关的高次谐波成分，对电网造成电磁污染。同时，电力电子设备自身的测量和控制电路也受到其主电路和工业环境中电磁干扰的影响。

（2）谐波问题。由于电力电子器件的非线性特性，会在整流装置、调速装置、开关电源等电力电子系统中产生谐波，所产生的高次谐波会使输入电源的电流波形、电压波形发生畸变。变频器输出侧是由一系列矩形波组成的PWM波，所以输出电压和电流波形中也都含有高次谐波。谐波对电网和设备都会产生严重的危害，谐波会降低电能的生产、传输和利用效率；谐波电流会在变压器绕组和铁芯上产生附加损耗；变频器输出侧产生的谐波电流会使电动机产生脉动旋转磁场，从而降低电动机的输出转矩，并产生振动和噪声；另外，还会在电动机的定子、转子中产生铜耗、铁损及杂散损耗，使电动机发热。对于低压大、中容量电动机的变频调速系统，上述谐波的影响将会更加严重，会使电动机的绝缘老化，使用寿命缩短，甚至会发生故障或烧毁。电力电子设备产生的谐波阻碍了电力电子技术的快速发展，因此对电力电子设备谐波问题的研究也在不断增强。

（3）高频问题。电力电子装置在工作中，尤其是各种逆变电路，将发出强烈的电磁干扰，该干扰主要来自半导体开关器件，开关器件在开通和关断时，由于电压和电流在短时间内发生跳变，从而形成电磁干扰。电力电子装置产生的电磁干扰源有：①$\mathrm{d}u/\mathrm{d}t$在电力电子器件通断瞬间，电压的跳变会在电容上产生很大的充电或放电电流，会对电力系统产生严重的电磁干扰。②$\mathrm{d}i/\mathrm{d}t$开关器件在通断瞬间的电流变化会在杂散电感上感应出电压，另外，有较大的$\mathrm{d}i/\mathrm{d}t$的电流环路也是一个辐射源，将对空间产生辐射电磁场。③PWM信号自身逆变器中开关产生的PWM波形除了有用的基波外，还含有大量的高次谐波PWM信号也会对周围的设备产生辐射的影响；控制电路输出的高频脉冲时钟波形也会产生一定的电磁干扰。电磁干扰的危害几乎涉及所有领域，简单归纳可分为对设备的影响和对人的影响两大类。

（4）传导/近场问题。根据传播途径的不同，电力电子设备的电磁干扰分为传导干扰和辐射干扰。传导是电力电子装置中干扰传播的重要途径，不同的电力电子装置，传导干扰产生的具体原因也不尽相同。如在SCR整流系统中，差模传导干扰的产生主要基于两个因素：一是由电源线路电感所引起的换流重叠现象；二是半导体开关特性及决定其电流特征的物理特性。再如IGBT变换器主要的差模干扰源是续流二极管的方向恢复电流。对于近场特性，电力电子装置通常由两部分构成，即功率变换单元和控制单元。开关变换电路的开关频率一般为几十千赫至上百千赫，在开关过程中产生的电压和电流瞬变是产生传导干扰和辐射干扰的干扰源。功率变换单元所产生的电磁辐射的能量足以危及其附近控制单元的正常工作。影响电力电子装置近场特性的主要是功率变换部分的主回路。

（5）辐射问题。与传导干扰相比，电力电子装置的辐射干扰则更为复杂。这是因为作为能量变换装置，变换容量从毫瓦级到兆瓦级，而且主回路与控制回路常常是由不同部件构成的，与集中在印制电路板上的电子装置相比，空间结构更为复杂。因此，相应的杂散参数与辐射干扰的分析计算就更为复杂。根据Orlandi和Scheich对SCR整流电路的辐射干扰源进行的研究，通过分析共模电流（时域与频域）与辐射场间的联系，认为共模电流与来自控制部分的驱动脉冲及杂散参数相关，杂散电容间的电压梯度促使共模电流的传播，脉冲上升沿的电压梯度在杂散电容中产生共模电流。

3. 数字化、智能化二次设备和常规设备区别

近年来，数字化变电站、智能化变电站得到大力推广，在智能变电站建设中，实现整个变电站运行设备的测量数字化、控制网络化、设备状态可视化。对此，智能变电站在二次设备配置方面也发生了较大变化。与20世纪传统变电站相比，存在以下几个显著的特点。

（1）微机型装置进一步采用了分布式系统，保护装置和测控装置的部分功能下放至合并单元和智能终端来实现。合并单元、智能终端、保护装置、测控装置的信号逻辑地各自浮空，没有形成公共的基准电位。

（2）合并单元和智能终端布置在高压开关场配电装置间，相比继电器小室电磁环境更为恶劣。在此工况下，要保证变电站安全可靠运行，创立一个良好的接地系统是不可缺少的重要措施。

（3）大量采用光缆代替电缆，电缆主要应用于就地机构之间、就地机构至智能控制柜之间。智能控制柜至继电器小室、继电器小室之间，以及继电器小室至主控楼之间都以光缆为主，但仍然存在交流电源电缆和少量控制电缆。

（4）电子器件嵌套于高压电器设备中，如电子互感器、设备状态监测装置等，电磁环境恶劣。

5.2.2 变电站二次接地网概述

21世纪初，电网继电保护及自动化控制系统已基本上完成了由工频模拟量测量装置向数字化微机型设备转化，原适用于工频模拟量装置的抗干扰措施，已不适应于今天对高频信号敏感的数字式微机装置抗干扰的需要。但是，对于数字化设备的抗干扰措施并没有伴随着设备的转型而作全面的改进。因此，由电磁干扰导致的设备损坏和装置不正确动作问题，在人们认识或不认识中存在，并影响着电网的安全可靠的运行。对此，已引起国家电网公司的高度重视，已先后采取了一些改进措施。如国家电网公司于2012年发布了352号文，对原《国家电网公司十八项电网重大反事故措施（试行）》进行了全面修订。其中第15.7.3节中提出，要求敷设与厂、站主接地网紧密连接的二次接地网，构成一个适应于微电子设备抗干扰需要的基础设施，并对二次接地网的敷设提出了一些具体的要求。然而，由于缺乏详细的技术规范作指导，不同部门颁发的技术规程和规定、规范在一些提法上也存在差异。各地区在变电站建设工程中虽然都敷设有二次接地网，但具体敷设方式以及二次接地的实施方案仍很多样化，缺乏统一认识和评价。

变电站二次接地主要分为安全地和工作地两大类型。安全地的主要作用是保护设备和人身的安全。工作地的作用是为设备的正常工作提供公共的参考电位点。

无论哪种接地，都应尽量做到低阻抗接地。针对安全地而言，只有将接地点与地面接地体实现低阻抗连接，才能减小两者间的电位差，保证设备和人身的安全。针对工作地而言，连接地线必须是信号电流返回信号源的低阻抗路径。因为低阻抗路径一方面可避免信

号电流通过地线返回信号源产生电压降，引起地线上的电位不相同，产生地线干扰；另一方面，只有真正的低阻抗地线才能成为信号电流的返回路径，否则，因为电路中寄生电容的存在，高频信号电流将自寻最短路径流通，去向何处不可知、更不可控，由此产生的电磁干扰无从下手排除。可见，合理地接地是防止电磁干扰极其重要的一环。

由此可见，对二次接地方式进行研究实际是研究采用何种接地方式才能实现真正的低阻抗接地，以避免电位差对设备和人身安全造成影响（安全地），消除或降缓电磁骚扰对二次设备和接线回路的侵害（工作地）。因此针对二次接地方式的研究离不开电磁兼容技术，电磁兼容技术缺少不了接地措施。电磁兼容技术中关于低阻抗接地方式的讨论有益于智能变电站二次接地方式的选择。

二次接地网是一个比较抽象的概念性名词，是相对于上面介绍的主地电网流过大接地电流产生电位差的概念提出来的。在《发电厂与变电站电磁兼容导则》中，二次接地网又被称为绑接网。

在安装位置上，主接地网主要安装在土壤中，依靠土壤消散电流。而二次接地网不直接与土壤接触，不能协助主接地网消散地电流，因此电流在二次接地网和主接地网的变化关系完全不同。同时主接地网是在变电站土壤里均匀敷设，而二次接地网主要是在有二次设备、二次电缆的区域附近敷设。二次地网主要是为了使二次设备、二次电缆之间的地电位差最小，降低地电位差对二次设备、二次回路的影响，同时要确保工作在二次设备上的人员的人身安全。因此二次接地网又要和主接地网紧密相连，形成一个有机整体。

二次接地网是根据电磁兼容的要求建立的新概念接地体系，为二次线设备和回路接地所用。二次接地网构成抗电磁干扰的基础设施，在这个基础上实施各项抗干扰措施将变得比以前更为简便，可将不同类别的二次线系统接地点连接到该接地网上。

以下将针对室内二次接地网、室外二次接地网、二次设备接地三种类型二次接地网进行介绍。

5.2.3　室内二次接地网

1. 国内对室内二次接地网要求

在控制室、保护室、配电室、预制舱等安装二次设备或敷设二次电缆的室内，应设置室内二次接地网，要求如下：

（1）对于控制室、保护室等处，在屏柜下层的电缆室（或电缆沟道、电缆夹层）内，沿屏柜布置的方向逐排敷设截面积不小于 $100mm^2$ 的铜排（缆），将铜排（缆）的首端、末端分别连接，形成“目”字型二次接地网，如图 5-2 所示；

（2）对于配电室等处，在二次电缆沟道内沿配电装置布置的方向敷设截面积不少于 $100mm^2$ 的铜排（缆）；

（3）对于预制舱等其他室内，二次接地网的设置参考本条（1）或（2）；

（4）室内二次接地网可不与安装支架绝缘；

（5）室内二次接地网应与主接地网一点可靠相连，连接点设置在各室的电缆沟道入口处。为保证连接可靠，室内二次接地网与主接地网应使用不少于 4 根铜排（缆）连接，每根铜排（缆）截面积不小于 50mm^2。

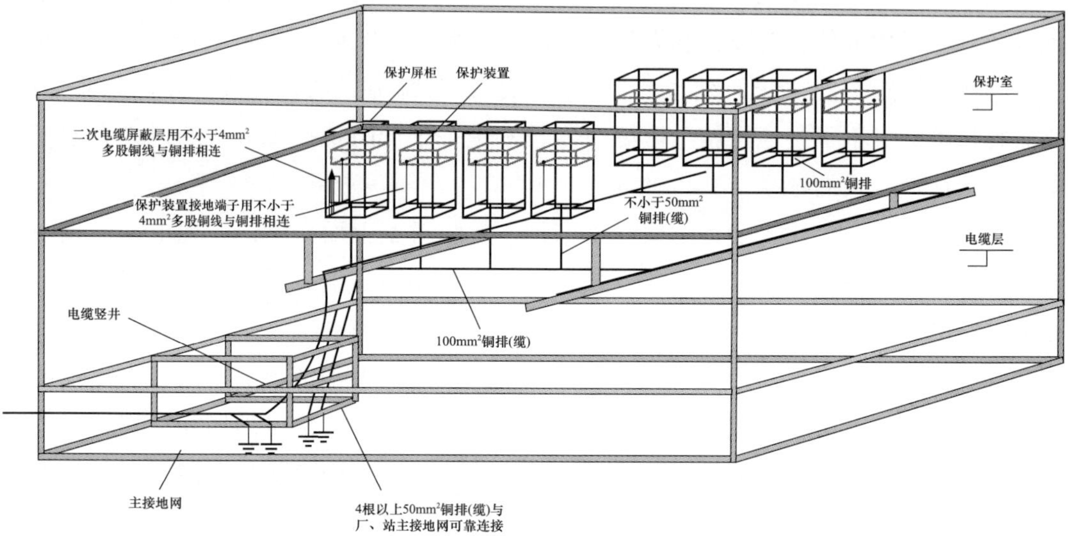

图 5-2　室内二次接地网布置图

2. 国际大电网组织对室内二次接地网要求

变电站的所有继电器室、主控室、通信机房等涉及电子设备的各建筑物的接地应实现综合三维立体屏蔽。

为了达到这一目的，接地母线应沿房间墙壁安装，且最好靠近地板位置。接地母线的尺寸并不重要，但至少横截面积不应小于 50mm^2（铜带或铜棒）。该集电极能够形成一个闭合回路，这一回路必须通过至少两个横截面积相同且安装位置尽量相隔较远的导体连接到接地网中。

以下条目均需要连接到接地母线：

（1）室内的所有金属结构或外壳；

（2）敷设在电缆沟中的接地导体；

（3）通向房间以外的电缆的屏蔽和备用导体（如果不是直接相连，也至少要通过下述的延长杆相连）。

允许并建议直接，或通过接地母线、嵌入混凝土墙和地板中的钢筋等连接到接地网。

独立设备连续成排安装时，接地母线必须延伸，从一面墙开始，连接所有外壳，到达对面墙，两端延伸至墙边与既有接地母线相连接。每一条接地母线的延伸都有助于形成接地网格，并成为综合地平面的一部分。

接地母线的每个连接都应尽可能短（<10cm）。就电磁兼容性而言，横截面积并未严格

规定。根据导体中可能存在的低频电流的大小，$4mm^2$ 和 $16mm^2$ 之间的值都是可以接受的。截至目前来看，四个 $4mm^2$ 的连接设计要优于单个 $16mm^2$ 的连接。

建议将所有电缆支架、电缆槽、电缆架和电缆管道互连，以形成三维接地网。这意味着，就电磁兼容方面而言，将设备外壳或电缆屏蔽层直接连接到该网格所达到的接地效果将比使用连接到接地网络或电缆的隔离铜导体更好。

从这个意义上讲，只要整个铜导体的横截面大于 $50mm^2$，且接地的非绝缘 $16mm^2$ 铜导体结构固定，以保证网络的电气连续性，就可以采用金属结构轻松地构造出接地棒及其延伸部分。

对于无线电天线塔的通信楼的接地母线敷设，必须给予重点关注，这里至少包含以下个三原因：

（1）天线塔遭受直接雷击的风险较高；

（2）大多数通信设备不满足高压变电站恶劣电磁环境下的电磁兼容要求；

（3）宽带信号（高速、低电平）的传输会使得电磁兼容问题更加突出。

由于天线馈线通常从屋顶进入建筑，因此建议将接地母线安装在设备上方，悬挂在屋顶之下，而不是部署在靠近地板的位置（天线馈线从建筑底层进入建筑时，则建议采用后一种敷设）。这意味着所有电缆支架都固定在靠近天花板的墙上或天花板上，不同的机架和外壳电缆从上方穿过。这种电缆敷设形成电缆束，悬挂在房间天花板上，与地板没有任何直接电气接触。

在任何情况下，都必须避免在设备的顶部和底部之间分开敷设电缆，因为这样会形成环路，在雷击时，该环路会交链或产生明显的磁场。

考虑到雷击电流将从建筑物顶部流向底部，且无线电设备的连接主要采用同轴电缆或多点接地的导管，因此减少公共阻抗耦合和电感耦合的唯一方法就是避免在设备附近安装垂直接地导体，而是要把这些接地导体敷设在墙角。

同样的原因，每根由天线塔来的电缆（尤其是同轴电缆）的支架必须通过横截面积至少 $50mm^2$ 的导体在建筑物墙外入口处直接与建筑物的接地网相连。

如果可能的话，连接通信建筑和其他建筑的所有电缆（通信电缆，电源电缆或地线电缆）应与来自塔楼的电缆从同一侧进入建筑物，以避免雷击电流穿过整个建筑物。

同时要求要避免在同一个电缆槽内或彼此紧密靠近地敷设来自天线塔的电缆（例如同轴电缆，天线加热电缆）和建筑物内的电缆（例如无线电设备和多路调制器之间的 2Mbit 或 8Mbit 脉冲编码调制电缆、多路复用器和配线架之间的连线等）。

实际上，多点接地系统不会避免电流环路。这些环路与一点接地（星形接法）系统中的环路相比，数量大得多，而且尺寸更小，所以它们不再是个问题，它们甚至是对抗感应干扰的必要手段。为了方便起见，这里重复以下几点。

（1）为了降低高频干扰，电缆屏蔽层应多点接地。

(2) 对于短距离电缆，这种接地必须在两端进行，而对于长距离电缆，由于有容性返回通路，有时只在电缆连接的最敏感端，即安装电子设备的一端，将屏蔽接地就足够了。

(3) 事实上，在发电厂、变电站中，许多电缆连接的两端都涉及有源部件（将来，随着智能传感器的出现以及将全部或部分开关设备和控制传动相关联的辅助设备用电子装置来替代，这种情况将更普遍）。因此，无论电缆的长与短，将大部分电缆的屏蔽（非电路）在两端接地成为必要。

(4) 所有电缆（除了低电平、低频电路，如热电偶和一些同轴连接除外）的屏蔽都系统性接地，于是就要求有一个良好的等电位搭接网；多点接地的屏蔽层，反过来又加强了搭接网。

因此，即使在电缆屏蔽层不需要接地的某一特定端（因为在该端设备不易受到干扰或不能成为其他设备的骚扰源），仍然建议推广这种接地做法。

为了实现良好等电位搭接网，要求对下述各项进行电气连接（建筑、金属结构设备、电缆等）：

(1) 建筑结构部件，如钢导轨和钢柱；

(2) 金属管道和导槽；

(3) 配电盘和开关设备的金属外壳；

(4) 装有电气设备和仪表的金属柜；

(5) 台子、电缆支架、电缆托盘、垂直升降器、支撑结构等。

对于电缆托盘，或者更广泛地说，对于作为 PEC 的所有金属部件，重要的不仅是需要接地，还需要保证沿其全长的电连续性。所有金属部件之间必须进行搭接，重要的不是固定这些部件的电位，而是允许骚扰电流沿着与电路相同的路径流动，这样做可以使有源电路与接地电路之间的面积尽可能小。

另一重要方面是关于金属配件相互搭接的方式。最好的连接方式是螺栓连接，在不同结构之间形成直接连接，确保接触良好。如有必要，锯齿垫圈或锁紧垫圈有助于在金属表面的保护涂层没有（充分）去除时确保良好的接触。只有当金属结构物件之间不可能直接接触时，才需要使用铜导体搭接。

基于内部安装设备的类型和与外部防雷系统的邻近程度下的电磁环境的不同，有可能将室内搭接网（内部 LPS）分割成具有网格密度不同的区域。

特别值得注意的是对于安装在特殊房间中的敏感电子设备，不仅需要在各个机柜之间或机柜与电缆托盘之间建立良好的连接，而且还需要在各列机柜（或电缆托盘）之间每隔一定距离（如 2m）加以连接（例如通过铜带），将这种连接的整体与安装在房间周围的环形接地母线（连接带）互相连接。这样的接地母线可以安装在每个保护区和整个建筑的边界处，使得区域之间的多重互连更加容易。

同样，室内搭接网络必须在多个点（至少 4 个）连接到安全接地系统（safety grounding system）和户外接地系统（outdoor grounding system）。

3. 通信行业对室内接地网的要求

综合通信大楼应建立在联合接地的基础上，将建筑物基础和各类设备、装置的接地系统所包含的所有电气连接与建筑物金属构件、低压配电接地线、防静电接地等连接在一起，并应将环形接地体与建筑物水平基础内钢筋焊接连通。

当综合通信大楼由多个建筑物组成时，应使用水平接地体将各建筑物的地网相互连通，并应形成封闭的环形结构。距离较远或相互连接有困难时，可作为相互独立的局站分别处理。

综合通信大楼应采用外部防雷装置、内部等电位连接和雷电电磁脉冲防护等综合防雷系统。

综合通信大楼内部的接地系统应通过总接地排、楼层接地排、局部接地排、预留在柱内接地端子等构成一个完善的等电位连接系统，并应将各子接地系统用接地导体进行连接，构成不同的接地参考点。

综合通信大楼内部的接地系统亦可从底层接地汇集线引出一根或多根至高层的垂直主干接地线，各层分接地汇集线应由其就近引出，构成垂直主干接地线网。

变压器装在大楼内时，变压器的中性点与接地汇集线之间宜采用双线连接。

（1）接地连接方式。综合通信大楼接地连接方式可分为外设环形接地汇集线连接系统和垂直主干接地线连接系统。

外设环形接地汇集线连接系统可按图 5-3 设计，外设环形接地汇集线连接系统可用于高度较低且建筑面积较大或者为长方形建筑物的综合通信大楼，也可在高层综合通信大楼的某几层或某些机房使用，也可在电磁脉冲危险影响较大的局（站）采用。外设环形接地汇集线连接系统，应符合下述要求。

在每层设施或相应楼层的机房沿建筑物的内部一周安装环形接地汇集线，环形接地汇集线应与建筑物柱内钢筋的预留接地端连接，环形接地汇集线的高度应依据机房情况选取。

垂直连接导体应与每一层或相应楼层机房环形接地汇集线相连接，垂直连接导体的数量和间距，应符合下列要求：

1）建筑物的每个角落应至少有一根垂直连接导体；

2）当建筑物角落与中间导体的间距超过 30m 时，应加额外的垂直连接导体。垂直连接导体的间距宜均匀布放。

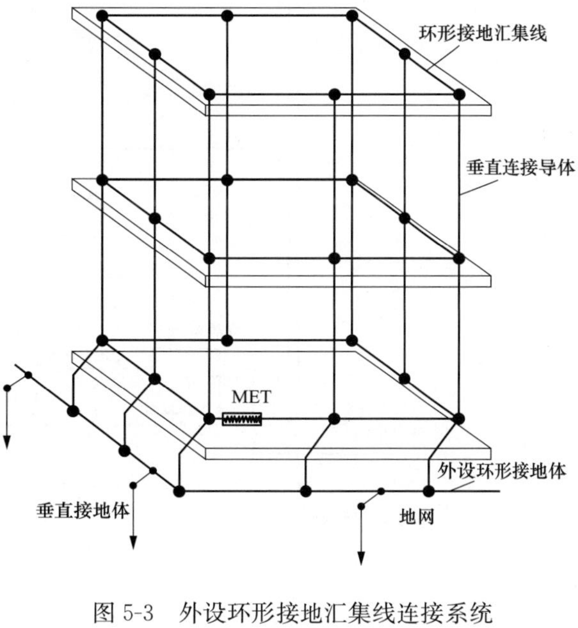

图 5-3　外设环形接地汇集线连接系统

第一层环形接地汇集线应每间隔 5

～10m 与外设的环形接地体相连一次，且应将下列物体接到环形接地汇集线上：

1）每一电缆入口设施内的接地排；

2）电力电缆的屏蔽层和各类接地线的汇集点；

3）构筑物内的各类管道系统；

4）其他进入建筑物的金属导体。

可在相应机房加分环形接地汇集线，并应与环形接地汇集线相连。

在大型通信建筑物内，接地系统的环形接地汇集线的范围可缩小到有通信设备机房的建筑物区域，其垂直连接导体的范围和数量宜根据实际情况设置。

大型通信建筑物内应向上每隔一层设置一个均压网。

垂直主干接地线连接系统可按图 5-4 设计，并应符合下列要求。总接地排宜设计在交流市心的引入点附近，且应与下列设备连接：

1）地网的接地引入线；

2）电缆入口设施的连接导体；

3）交流市电屏蔽层和各类接地线的连接导体；

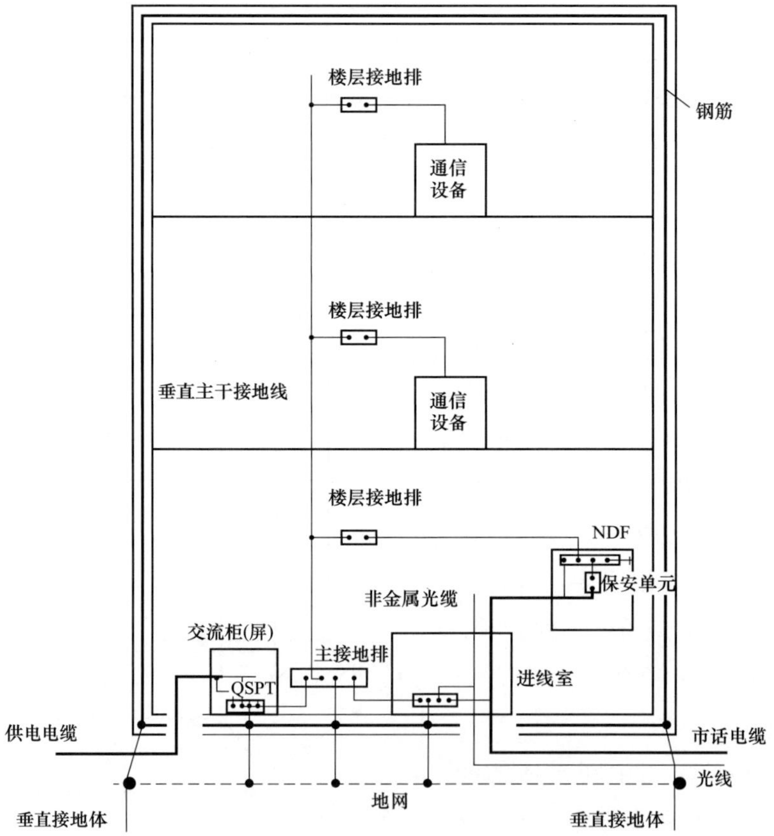

图 5-4　垂直主干接地线连接系统

4）构筑物内水管系统的连接导体；

5）其他金属管道和埋地构筑物的连接导体；

6）建筑物钢结构；

7）一个或多个垂直主干接地线。

一个或多个垂直主干接地线从总接地排到建筑物的每一楼层，建筑物的钢结构在电气连通的条件下可作为垂直主干接地线。

各垂直主干接地线应为以其为中心、长边为 30m 的矩形区域内的通信设备提供服务，处于此区域外的设备应由另外的垂直主干接地线提供服务。

垂直主干接地线间应每隔两层或三层进行互连。

每一层应建立一个或多个楼层接地排，各楼层接地排应就近连接到附近的垂直主干接地线，且各楼层接地排应设置在各子通信系统需要提供通信设备接地连接的中央。

各种设备迁接对、直流电力装置及其他系统的地应连接到所在楼层的楼层接地排。

对雷电较敏感的通信设备应远离总接地排、电缆入口设施、交流市电和接地系统间的连接导线。

内部等电位接地连接方式，通信局（站）内应采用星形-网状混合型接地结构。

环形接地汇集线方式的混合型接地连接可按图 5-5 设计。

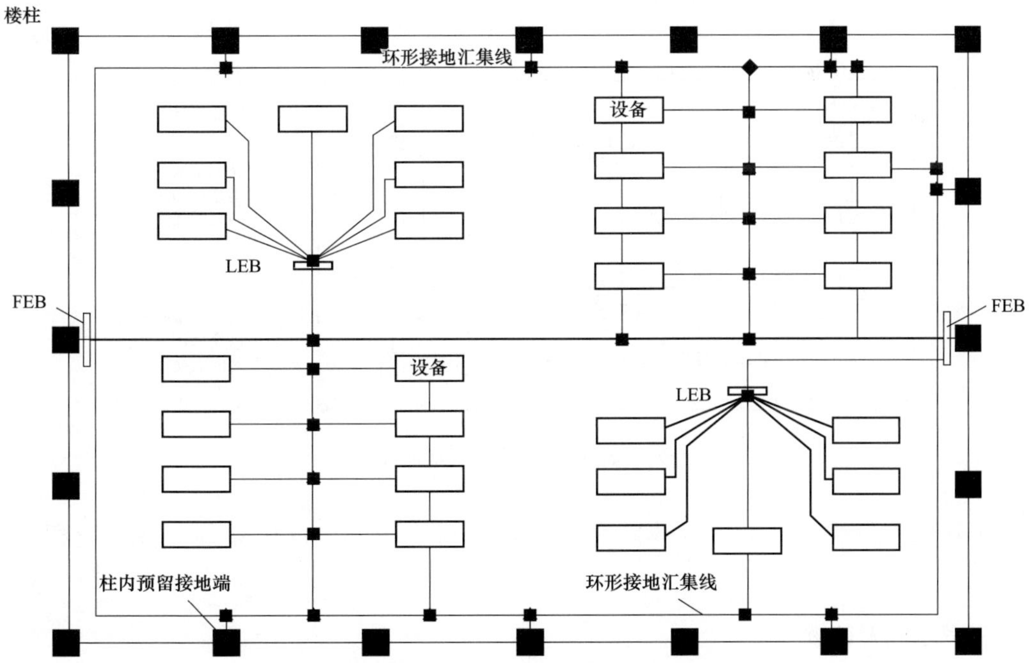

图 5-5　环形接地汇集线方式的混合型接地连接

建筑物采取等电位连接措施后，各等电位连接网络均应与共用接地系统有直通大地的可靠连接。每个通信子系统的等电位连接系统，不宜再设单独的引下线接至总接地排，而宜将各个等电位连接系统用接地线引至本楼层接地排。

（2）地网。综合通信大楼的地网可按图 5-6 设计，环形接地体与均压网之间每相隔 5～10m 应相互做一次连接。

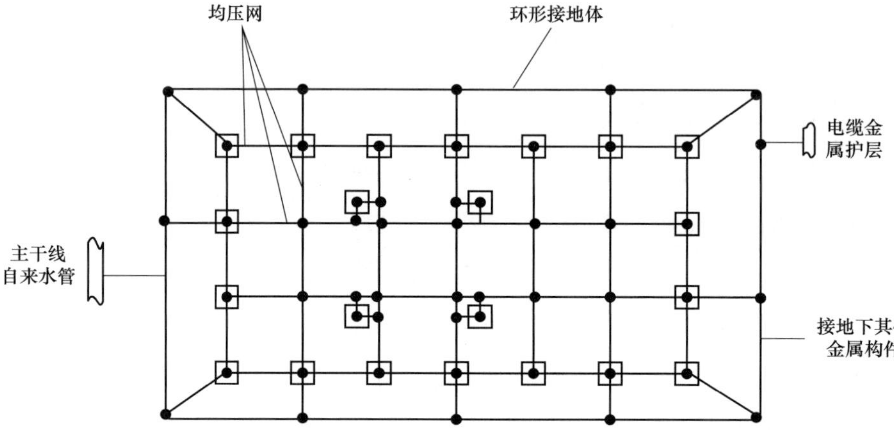

图 5-6　综合通信大楼的地网组成方式

采用环形接地汇集线的综合通信楼，其汇集线与地网之间的连接可按图 5-7 设计。

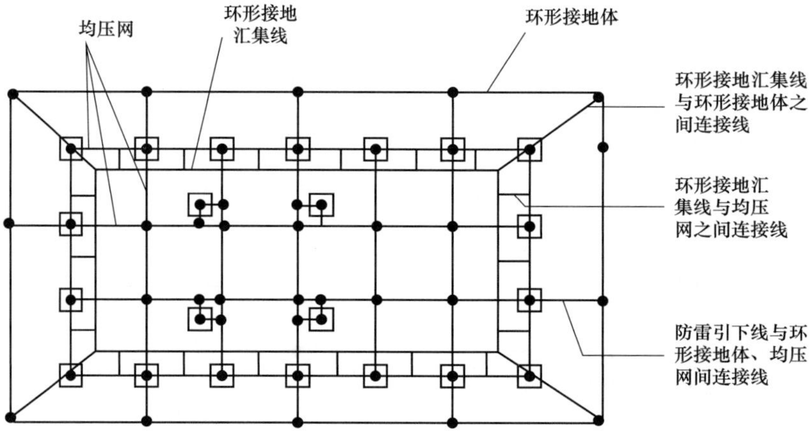

图 5-7　环形接地汇集线与地网连接

环形接地汇集线与环形接地体除在建筑物四角连接外，每相隔一个柱子应相互连接一次。

4. 差异分析及建议

《发电厂和变电站电磁兼容导则》（以下简称导则）强调连接线尽可能短，连接线尽可能多，形成三维接地网。而国内强调一点连接，要求室内二次接地网与主接地网仅通过一点相连。导则、通信行业均要求需要围绕建筑物敷设环形的二次接地网，而国内电力行业无此要求。导则、通信行业均要求屏柜下方的二次接地网和围绕建筑物的环形二次接地网多点相连，但国内电力行业则要求二次接地网和主接地网单点相连。

多点接地的机理是减小接地环路面积和增加接地环路网格个数，从而获得降低接地阻抗的效果；一点接地的出发点是希望能保证室内二次接地网与主接地网之间不出现接地环路，不存在电位差。实际上，在国内工程施工安装中，数以百计的多根控制电缆的屏蔽层一端接室内二次屏柜内的接地铜排，另一端在开关场接端子箱内的接地铜排；电缆沟敷设的接地铜排的一端在开关场与主接地网相连，另一端与室内二次接地网和主接地网相连；而室内二次屏柜柜体及柜内不绝缘的接地铜排和室外端子箱及箱内的接地铜排在安装过程中已与主接地网相连。由此一来，室内二次接地网已经通过电缆屏蔽层、与柜体不绝缘的接地铜排和屏柜柜体与主地网多点相连，构成了为数不少的多点接地，即使室内二次接地网与室外二次接地网不在电缆竖井处接主地网，也无法实现室内二次接地网与主接地网之间的一点连接的目的和效果。

实际上，国内多本通信专业规程比如DL/T 5041—2012《火力发电厂厂内通信设计技术规定》、DL/T 5404—2007《电力系统同步数字系列（SDH）光缆通信工程设计技术规定》等均提到通信机房的接地系统应实现多点与主接地网连接。在实际工程中，通信机房的接地系统也的确是实现多点与主接地网连接的。因此，按照《导则》的要求无论是主控室、保护就地站、通信室与集控室的室内接地母线，还是户外端子箱，与室外接地网的连接均应采用多点接地方式，不仅安装工艺实施起来简便易行，而且能起到降低接地阻抗作用，对降缓电磁骚扰能起到更好的效果。

目前国内工程室内四周的墙壁内也存在接地干线，但是主要用于门、窗、轴流风机等设备的安全接地，属于一次接地范畴，并且采用的材质取决于主接地网采用的材质，而非《导则》要求的铜条或棒。并且国内敷设的室内等电位接地网未能延伸至墙壁四周的接地干线，未能与房间内所有的金属结构（如门、窗、继电器小室墙壁内的屏蔽金属网等建筑结构部件）连接。而室内地面及四周纵横交错的接地网格组成的等电位接地网显然会对降低接地回路阻抗起到很重要的作用，对空间辐射电磁波和电缆引入的传导性电磁骚扰以最短的路径入地提供了有利条件，能有效地起到降缓干扰的作用，相当于在地面铺设了屏蔽层。

实践证明，就是目前这种结构较为简易的等电位接地网，在实际运用中也确实起到了降缓电磁干扰的作用，能使二次线设备在大多数雷电波冲击和电网操作过电压产生的电磁骚扰下安全运行。既然如此，等电位接地网是否需要按《导则》要求搭接一个接地环路个数更多、各环路所包围的面积较小的三维接地网络？

常规综合自动化变电站在运行中都仍然存在各种电磁骚扰问题，如传导性电磁骚扰容易进入装置的通道多是电源进线电缆，以致使装置的直流电源电路板和交流采样电路板最容易损坏，这些都与电磁骚扰有直接关系；人们对现有等电位接地网降缓电磁骚扰的效能并不满意，不可避免地对现行的等电位接地网缺少信心，对能否胜任作为分布式系统的公共基准电位存在较多的疑虑。另外，电力电子设备的电磁兼容问题还会影响电网运行的安全可靠性，比如电网出现过因二次线设备的不正确动作造成电网大面积停电的恶性事故，至今找不出公认的事故根源，这也可能与电磁骚扰有关。

5.2.4 室外二次接地网的要求

1. 国内对室外二次接地网的要求

（1）在开关场安装二次设备或敷设二次电缆的室外，应设置室外二次接地网，要求如下：

1）应在开关场二次电缆沟道内、沿二次电缆敷设截面积不小于 $100mm^2$ 的铜排（缆），并在交叉处互相可靠连接，形成室外二次接地网。

2）室外二次接地网不需要与安装支架绝缘。在干扰严重的场所，或是为取得必要的抗干扰效果，可在敷设二次接地网的基础上使用金属电缆托盘（架），并将各段电缆托盘（架）与二次接地网紧密连接。

（2）室外二次接地网与主接地网的连接，要求如下：

1）在各室的电缆沟道入口处、室外的二次设备屏柜（包括室外的汇控柜、智能控制柜、就地端子箱等）处及保护用结合滤波器处，应采用截面积不小于 $100mm^2$ 铜排（缆）将室外二次接地网与主接地网可靠连接；各室的电缆沟道入口处接地点应与室内二次接地网的接地点在同一处，如图 5-8 所示。

2）当室外二次接地网与主地网连接时，应尽可能远离可能产生较大故障电流和较大电气干扰的场所。室外二次接地网与主接地网的连接点与大电流入地点的距离不宜小于 15m，如现场无法满足，应保证此两点距离大于一个主接地网网格。

（3）由一次设备（如变压器、断路器、隔离开关和电流、电压互感器等）直接引出的二次电缆的屏蔽层应使用截面积不小于 $4mm^2$ 的专用接地线仅在就地端子箱处一点接地，在一次设备的接线箱（盒）处不接地，二次电缆经金属管（或者金属盒）从一次设备的接线箱（盒）引至电缆沟，并将金属管的上端与一次设备的底座或金属外壳良好焊接，金属管另一端就近与主接地网焊接。

（4）一次设备本体所有二次电缆宜经就地端子箱转接，对于个别未经就地端子箱转接，而直接从一次设备本体引至保护装置的二次电缆（如变压器气体保护、放电电压互感器二次回路等），二次电缆的屏蔽层应两端接地，其一次设备侧应在一次设备的接线箱（盒）处将电缆屏蔽层焊接不小于 $10mm^2$ 多股绝缘铜缆，该铜缆引至最近的二次接地网连接；二次电缆经金属管（或者金属盒）从一次设备的接线箱（盒）引至电缆沟，并将金属管的上端与一次设备的底座或金属外壳良好焊接，金属管另一端就近与主接地网焊接。

（5）高频收发信机、复用通信载波机的高频同轴电缆屏蔽层应两端接地（见图 5-9），要求如下。

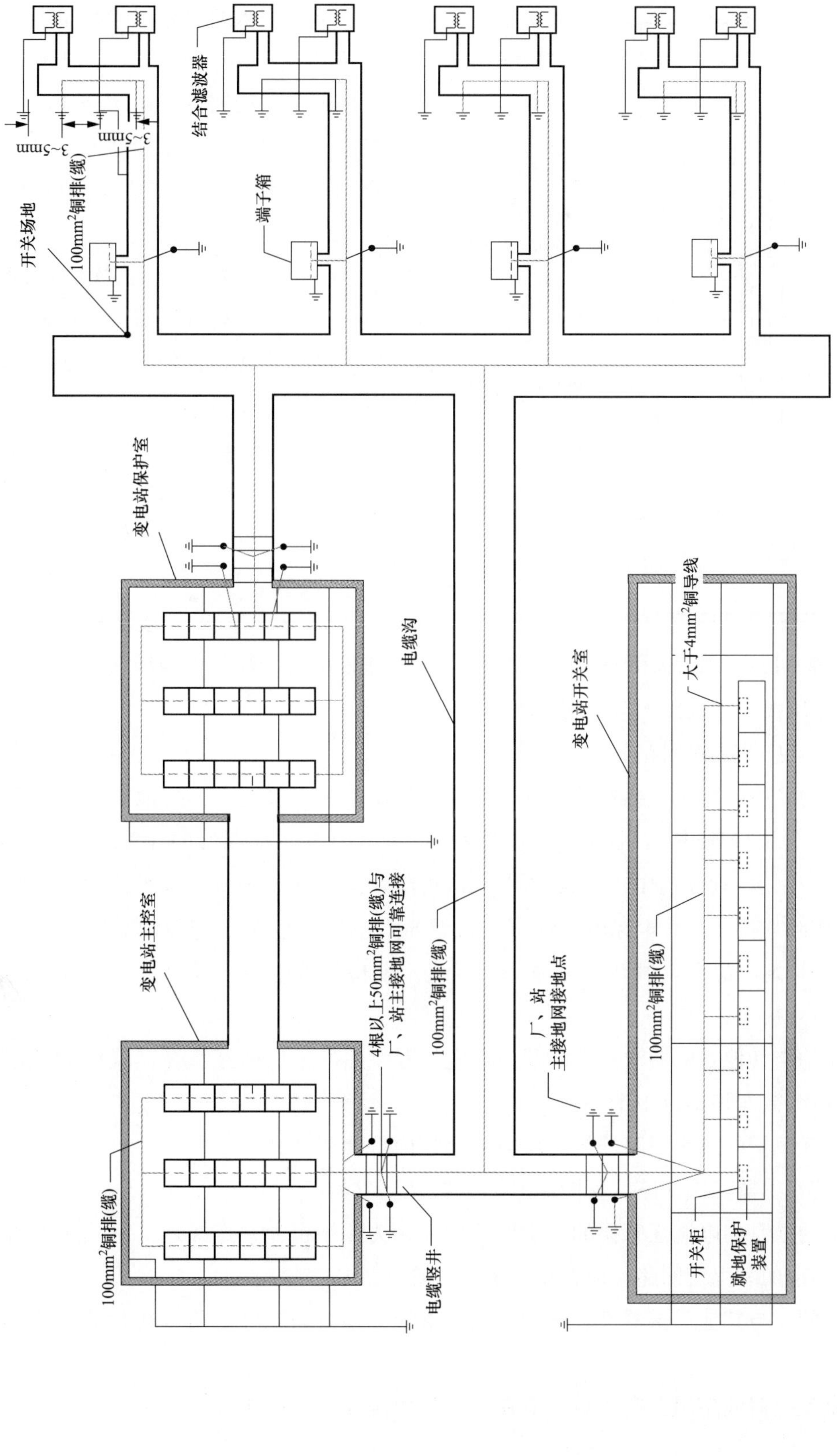

图 5-8　室外二次接地网布置图

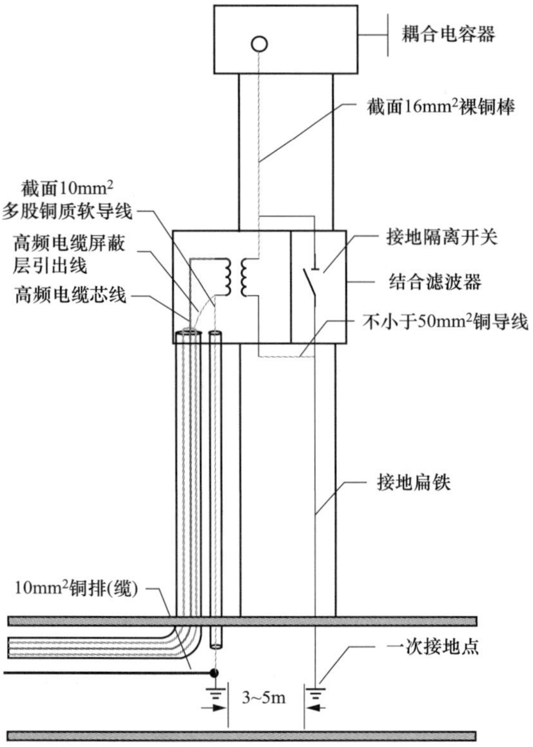

图 5-9　高频同轴电缆开关场侧接地示意图

1）在开关场，二次接地网的 100mm² 的铜排（缆）应依照线路间隔数量连接多根截面积不小于 100mm² 的分支铜排（缆），分别延伸至各条线路保护用结合滤波器的高频电缆引出端口附近与主接地网连接，此接地点距结合滤波器一次接地入地点约 3～5m。

2）结合滤波器的一、二次线圈间接地连线应断开，且结合滤波器二次线圈在结合滤波器安装处不接地，使一、二次接地系统分开并远离。

3）高频电缆屏蔽层，在结合滤波器二次端子上，通过不小于 10mm² 的多股绝缘铜缆焊接在 100mm² 的分支铜排（缆）上。

4）在保护室内，高频电缆屏蔽层压接 4mm² 的专用接地线后，接于柜内接地铜排上；收发信机的高频电缆屏蔽层接入端子采用 4mm² 的专用接地线也接于接地铜排上。

（6）电压互感器二次回路的接地要求如下。

1）有电的联系的电压互感器的二次回路应在控制室一点接地，其接地线截面积不应小于 16mm²；为保证接地可靠，各电压互感器的中性线不应接可能断开的开关或熔断器等。

2）已在控制室一点接地的电压互感器二次线圈，宜在开关场将二次线圈中性点经放电间隙或氧化锌阀片接地，其击穿电压峰值应大于 $30I_{max}$伏（I_{max}为电网接地故障时通过变电站的可能最大接地电流有效值，单位为 kA）。应定期检查放电间隙或氧化锌阀片，防止电压二次回路多点接地；

3）独立的与其他互感器没有电的联系的电压互感器的二次回路宜在其就地端子箱一点接地，其接地线截面积不应小于 4mm²；

4）电压互感器的二次回路的接地线应接至柜内接地铜排。

（7）电流互感器二次回路（见图 5-10）的接地要求如下：

1）有电的联系的电流互感器的二次回路应在相关保护柜内一点接地；由几组电流互感器二次绕组组成的和电流回路，应在和电流处一点接地；

2）独立的、与其他互感器没有电的联系的电流互感器的二次回路宜在其就地端子箱一点接地；

3）电流互感器的备用二次绕组，应在开关场短接并一点接地；

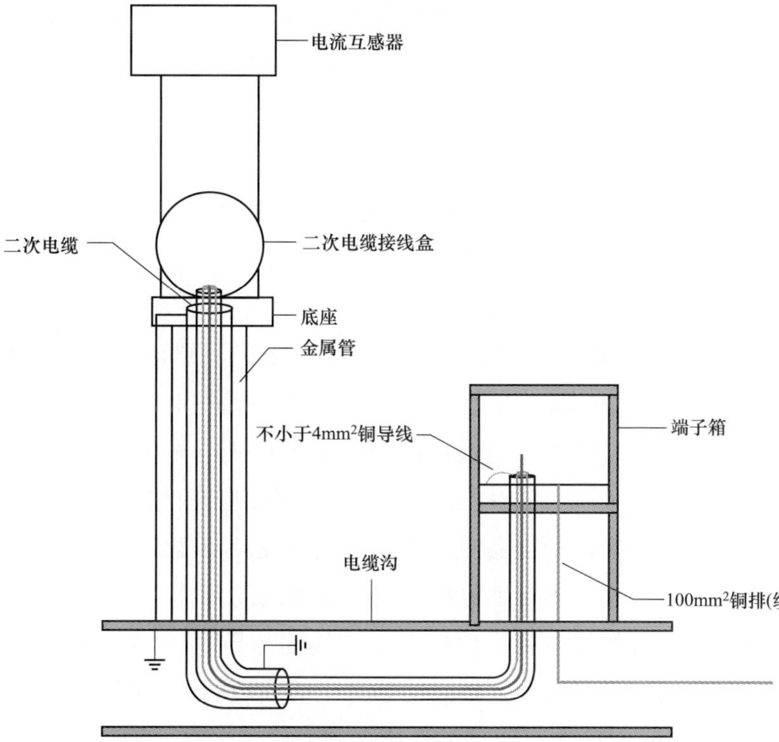

图 5-10　电流互感器至就地端子箱之间二次电缆接地示意图

4）电流互感器的二次回路的接地线应接至柜内接地铜排，接地线截面积不应小于 $4mm^2$。

（8）一般情况下，继电保护等二次设备的电缆屏蔽层、铠装层接地要求如下：

1）双屏蔽电缆外屏蔽层应两端接地，内屏蔽层应单端接地。单端接地时应在控制室、保护室一端接地；

2）单屏蔽电缆的屏蔽层应两端接地；

3）同轴电缆的屏蔽层应两端接地；

4）通信及对时回路用双绞线屏蔽电缆的屏蔽层应一点接地；当信号源浮空时，屏蔽层的接地点应在管理机侧；当信号源接地时，接地点应靠近信号源的接地点；

5）严禁使用电缆内的备用芯替代屏蔽层接地；

6）铠装电缆铠装层宜在控制室、保护室一点接地，应用截面积不小于 $4mm^2$ 的专用接地线与接地铜排连接。

（9）屏柜内所有二次电缆的屏蔽层分别用截面积不小于 $4mm^2$ 的专用接地线与接地铜排连接。

2. 国际大电网组织对室外二次接地网的要求

高压设备应安装在接地网的一个结点附近，并通过至少 2 根（最好是 4 根）背对背布置的导线与接地网这个结点相连，导线的横截面积由工频（50Hz 或 60Hz）电流决定。

高压设备的金属支撑（例如控制柜、继电保护柜等）应作为接地连接的一部分。所有接地引线应尽可能短。最好用间距大于 10cm 的多根导线作接地连接，而不要采用一根具有相同等效横截面积的导线连接。特别是电力变压器应通过数条导线搭接到接地网的不同结点上。应避免将不同设备在一条地线上做链式接地。

每个电缆沟或混凝土电缆管中均应敷设横截面积至少 $50mm^2$ 的平行接地导体（PEC），并将其两端接地，如有可能在其他一些点也接地。

所有接地导体的交叉点必须相互连接。

二次电缆沟应尽量远离骚扰源，尤其要避免：与母线平行或间距过小；邻近电容式电压互感器和避雷器。每个电缆沟中都要敷设横截面积至少为 $50mm^2$ 的平行接地导体（PEC）。

所有进出建筑物的电缆必须采用电缆屏蔽层。除了在变电站中不常见的低电平传感器（如温度测量，振动传感器）外，其他所有电缆的屏蔽层都应在两端接地。这种接地可以在配线架处，也可以在电缆所连接的设备处。在第一种情况下，建议沿靠近电缆入口的墙壁安装配线架，并将屏蔽直接连接到接地母线（或接地母线的延伸部分）。第二种是当前最常见的方式，在电缆进入设备的接线处，将屏蔽层连接到高导电性能良好的设备外壳上，例如金属机柜箱体。此连接应尽可能短，最好的是真正的圆周同轴连接（无引线搭接）。在大多数情况下，用小于 10cm 的接地引线也是可接受的。

连接器应保证电缆屏蔽层和设备外壳之间良好的电气连接。避免使用有涂覆物的连接器，通过单（或双）销或锁紧原件（固定件、卡扣）确保接地连接的紧固。接地连接器的横截面积应至少等于或大于屏蔽层的横截面积。

不延伸至建筑物外部的电缆可以不屏蔽，但传输 1 类和 2b 类信号的电缆除外，即：宽带通信电路（即 $f>4kHz$ 或速度大于 20kbit/s）；低电平模拟量电路（温度测量等）。

绝不能在同一根电缆中混接不同类型信号，或把非屏蔽电缆捆扎成一束。

电压互感器和电流互感器的二次电缆必须特别注意，因为这是唯一直接连接到高压设备的电路，即使这种连接是通过降压变压器实现的，因为降压系数（变比）仅对工频适用，而该装置在共模和差模下的高频传递函数与变压器匝数比无关，而且两者之间的差异很大。

出于安全原因，二次回路必须在高压设备处接地，为了尽可能减少中性线和接地连接线形成的环路，电路和屏蔽层都应在互感器箱体上接地，而不应分开连接到接地网（见图 5-11）。

互感器和继电器室之间的连接可用：通过分相双极电缆；通过两根 4 芯电缆，一根用于电流，一根用于电压。后一种情况，用一个接线端子箱（通常靠近互感器中央位置）将不同的中性线连接在一起（见图 5-12）。

所有进入接线盒的电缆屏蔽层和中性线都接到端子盒上，经端子盒接地。由于互感器和端子箱之间的双芯电缆长度很短，中性线（互感器和接线盒）的双重接地对共阻抗耦合干扰电平影响很小。

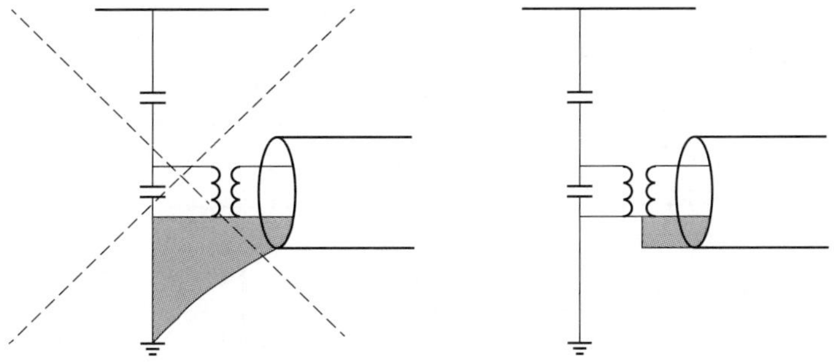

图 5-11　减小电缆屏蔽层接地形成的环路面积的基本概念

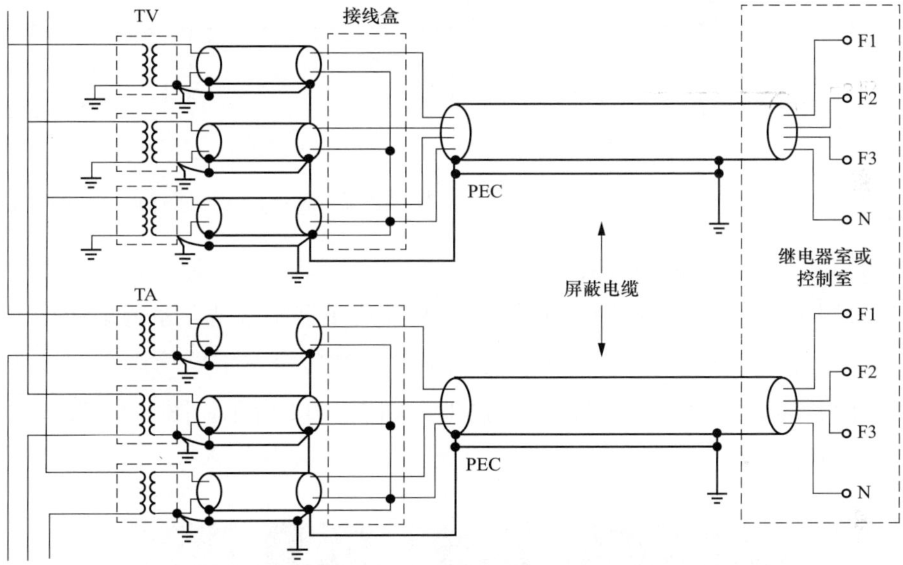

图 5-12　电压互感器和电流互感器二次回路的接地以及与继电器室的连接电缆的接地

在任何情况下，继电器室内都不允许中性线另外接地。当两互感器连接到同一设备（如同步回路）上，双重接地不可避免时，必须使用隔离变压器。

在任何情况下，最好为每根双芯电缆敷设一根截面面积至少 $50mm^2$ 的接地铜排 PEC。

然而，很明显，如果安全规则允许，当中性线仅在一个点接地（如在接线端子盒中接地，互感器处不接地）时，会获得较低的干扰电压（见图 5-13）。

3. 通信行业对室外二次接地的要求

（1）天馈线的防雷接地。

1）室外馈线的三点（ABC）接地。天线安装在铁塔上时：铁塔平台处（A 点）；馈线下铁塔拐弯前（B 点）；进无线机房前（C 点）。

天线安装在房顶支撑杆上时：馈线离开支撑杆前；馈线离开楼顶天面前；进无线机房前。如果天馈线长度大于或等于 60m 时，在铁塔中部需增加 1 次接地。

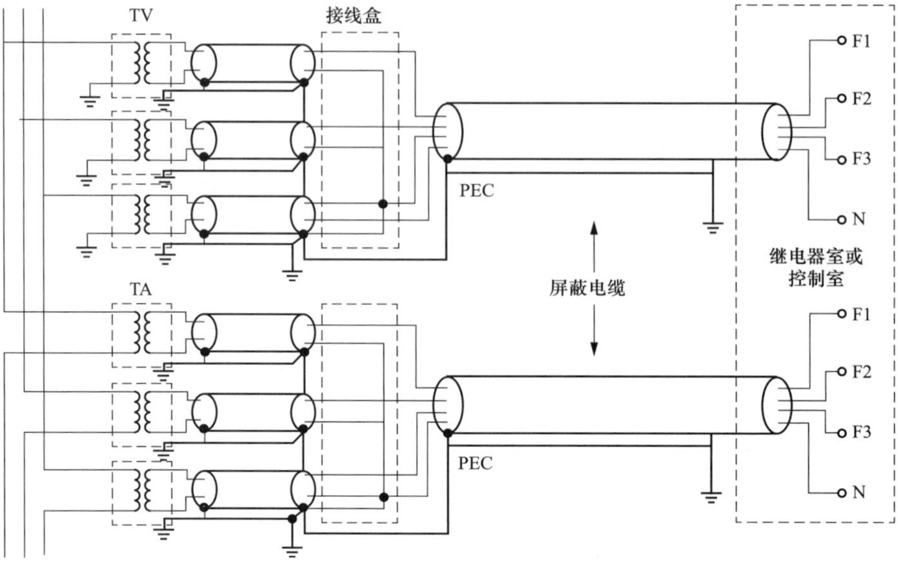

图 5-13　用于限制差模瞬态电压的电压互感器和电流互感器二次回路接地方式的改进

2）室内馈线避雷器［标称放电电流不小于 5kA（8/20μs)］、避雷器架和室内走线架要绝缘。如果安装了避雷器架（以固定避雷器），只需避雷器架接地至室外地线排，避雷器无需布放接地线至室外地线排；如没有安装避雷器架，则每个避雷器均需布放接地线至室外地线排。主馈线上入室前对馈线进行防雷接地，如图 5-14 所示。图 5-15 为室内主馈线与1/2设备馈线连接图。

图 5-14　主馈线上入室前要对馈线进行防雷接地（一）

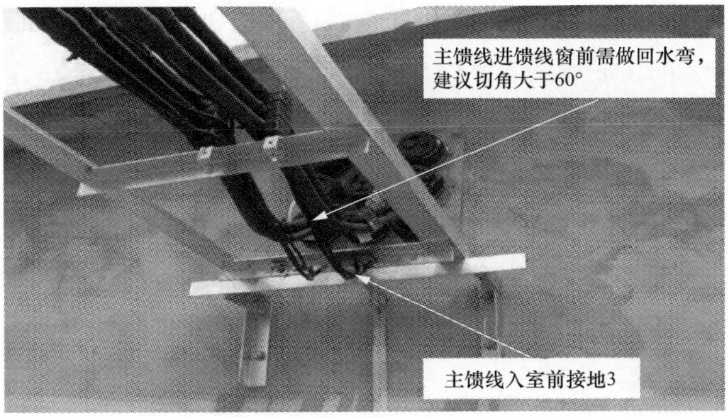

图 5-14　主馈线上入室前要对馈线进行防雷接地（二）

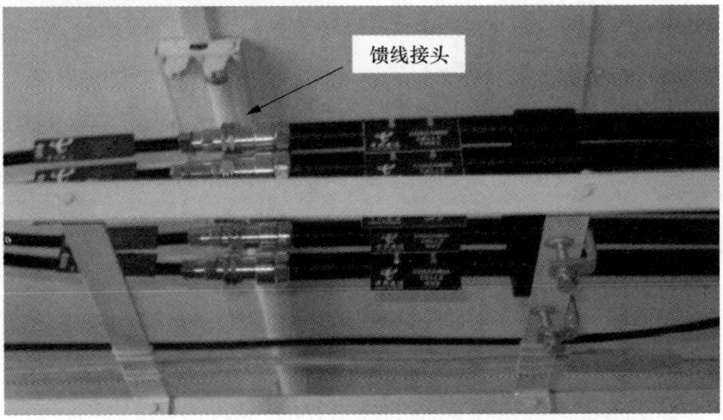

图 5-15　室内主馈线与 1/2 设备馈线连接图

（2）铁塔上架设的馈线及同轴电缆金属外护层应分别在塔顶、离塔处及机房入口处外侧就近接地；当馈线及同轴电缆长度大于 60m 时，则宜在塔的中间部位增加一个接地点。室外走线架始末两端均应接地，接地连接线应采用截面积不小于 $10mm^2$ 的多股铜线。

（3）馈线及同轴电缆应在机房馈线窗处设一个接地排作为馈线的接地点，接地排应直接与地网相连接地排严禁连接到铁塔塔角。

（4）安装在建筑物顶的天线、抱杆及室外走线架，其接地线宜就近与楼顶避雷带或预留接地端子连接。

（5）建在城市内孤立的高大建筑物或建在郊区及山区地处中雷区以上的基站，当馈线较长时，应在机房入口处安装馈线 SPD，也可在设备中内置 SPD，馈线 SPD 的接地线应连接到馈线窗接地排。

（6）基站设在办公大楼、大型宾馆、高层建筑和居民楼内时，其天馈线接地，应充分利用楼顶避雷带、避雷网、预留的接地端子以及建筑物楼顶的各类可能与地构成回路的金属管道。

（7）安装小微波的基站应将室内和室外单元可靠接地，内、外单元之间射频线的金属护层应在上部、下部就近与铁塔或地网连通，并应在进机房前可靠接地，接地连接线应为截面积不小于 10mm² 的多股铜线，室内单元 2M 接口应安装保护器。

（8）GPS 天馈线应在避雷针的有效保护范围之内。

（9）铁塔位于机房旁边时 GPS 天线宜设计在机房顶部。

（10）GPS 天线安装在铁塔顶部时，GPS 馈线应分别在塔顶、机房入口处就近接地；当在机房入口处已安装同轴防雷器时，可通过防雷器实现馈线接地；当馈线长度大于 60m 时，则宜在塔的中间部位增加一个接地点。图 5-16 为 GPS 馈线接地示意图，图 5-17 为 GPS 系统与基站设备连接示意图。

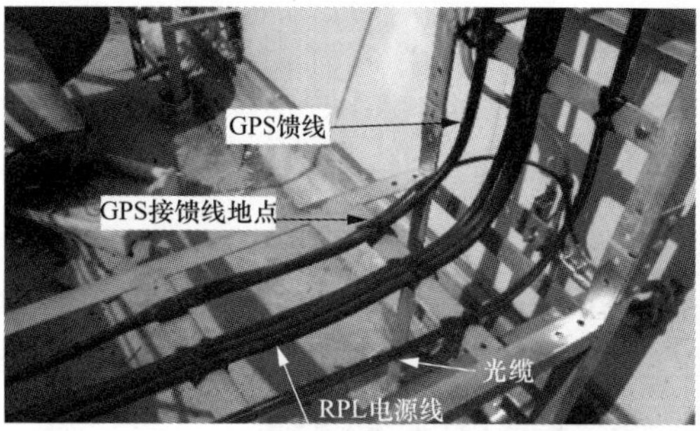

图 5-16　GPS 馈线接地示意图

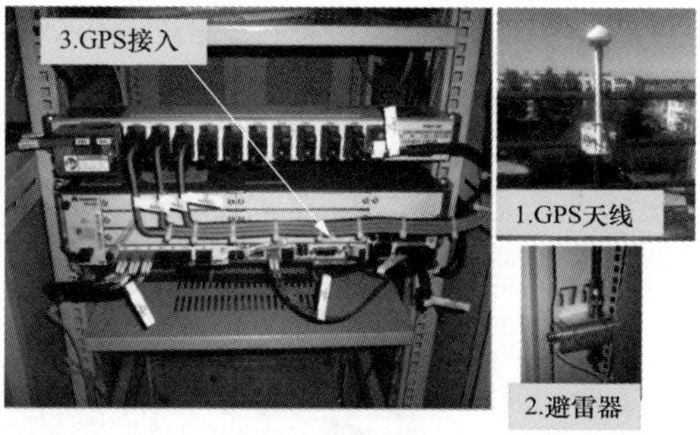

图 5-17　GPS 系统与基站设备连接安装效果图

（11）GPS 天线设在楼顶时，GPS 馈线在楼顶布线严禁与避雷带缠绕。

图 5-18 为安装室外馈线和馈线接地处理示意图。图 5-19 为光缆进机房地接。

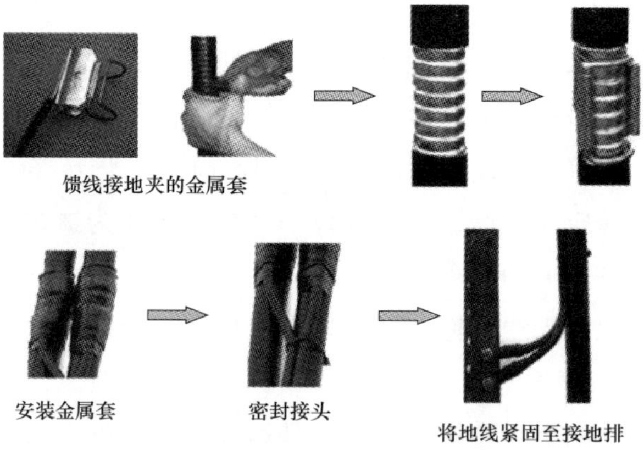

图 5-18　安装室外馈线和馈线接地处理示意图

4. 国内户外设备接地引起的设备异常

国内曾发生多起由于该部分区域的二次接地网和主接地网未连接好而产生的事故。

（1）案例 1。某换流站的交流滤波器的二次电缆金属护管多次发生过热导致金属管腐蚀，控制电流互感器二次电缆破损，发生接地，导致保护误动、系统误告警等问题，如图 5-20 所示。

图 5-19　光缆进机房接地

图 5-20　故障现场图

2018 年 5 月 20 日 07 时 44 分 54 秒，监控系统报“574 交流滤波器保护 1 L2 谐波过负荷 3 段保护动作跳闸”。

2018 年 6 月 3 日 583 滤波器未投入情况下测控装置发 TA 故障告警，经检查为电缆在电缆沟出口金属管处存在破损，对 583 交流滤波器场 T3 电流互感器至汇控箱三相电缆使用合格备品进行更换后恢复正常。

2018 年 8 月 7 日 22 时 22 分，SER 报“583 交流滤波器保护 B 尾端 TA 异常出现，装置报警出现”；23 时 01 分 SER 报“583 交流滤波器 A 失谐报警，装置报警”“583 交流滤波器保护 B 差流异常出现”。

查阅录波（见图 5-21），574 交流滤波器小组保护 1 电抗器 L2 谐波电流运算值（基波至 50 次谐波平方和的根）达到 1.198A，故障时间 5241ms，超过定值 1.1A，延时 5S，保护动作，574 断路器跳闸。经查阅小组保护 1 动作报告，C 相 L2 存在明显的谐波电流，A、B 相均未发现过大的谐波电流。

（2）案例 2。2021 年南方某 220kV 变电站 2 号主变压器差动保护动作、本体重瓦斯保护动作，高压侧 B 相最大故障电流一次值为 20.4kA，跳开 220kV 侧 202 断路器、110kV 侧 102 断路器、10kV 侧 002 断路器，造成 220kV2 号主变压器，10kVⅡ段母线失压，无负荷损失。构成三级电力安全事件。

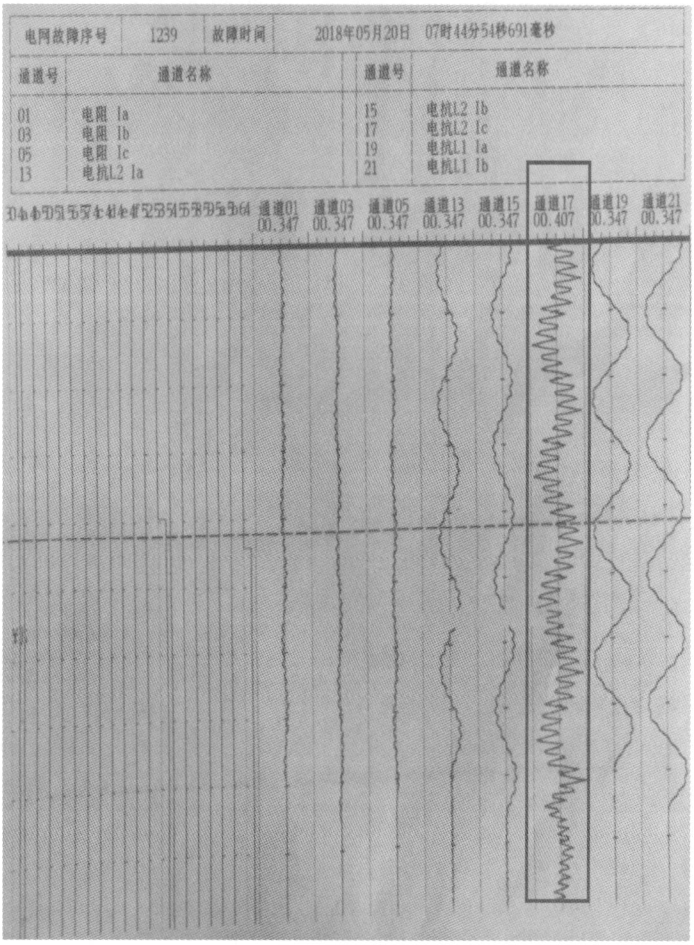

图 5-21　故障录波图

检查发现本体油枕油位指示为零，在对在线油色谱排查过程中，发现直埋入地下的输油管道存在 3 个烧融状漏油点，电缆井中存在积油情况。油色谱在线装置的输油管从主变压器本体引出后，经直埋于土壤中防护管引到变压器下方防护网下，如图 5-22 所示。对 1 号主变压器油色谱在线监测装置输油管检查，也存在烧蚀痕迹，但未形成孔洞。现场主变

图 5-22　油中溶解气体在线监测装置漏油点

压器排油后，检查发现 220kV 侧 B 相套管尾部均压环对套管升高座筒壁有明显放电痕迹，升高座内 TA 托架有明显放电痕迹。经现场拆除套管检查，放电点为套管均压环对套管升高座平行位置放电，现场测量升高座放电点为升高座法兰垂直向下 1340mm 处，测量套管法兰至均压环放电点距离为 1330mm，均压环放电点对升高座内部放电点间距离为 120mm，可以判断故障为套管尾部均压环与升高座间绝缘击穿放电。

漏油点产生原因分析：在线油色谱装置距离 2 号主变压器约 7m 距离，其输油管道与主变压器本体连通，其直埋于地下的输油管道存在 3 个漏油点，依据金属分析结果，输油管道破损口具有熔化特征，判断为电腐蚀所致，端子箱电缆盖板边缘有 2 处熔化状的缺口。结合现场地表电位，接地导通试验、接地电阻试验及油管放电模拟实验，接地网设计图纸等，判断破损原因为在线油色谱监测装置输油管道与金属防护管道、端子箱内穿缆金属盖板之间在线路接地短路工况下存在电位差并放电，导致输油管道烧蚀破损，进而导致漏油。接地网示意图如图 5-23 所示。

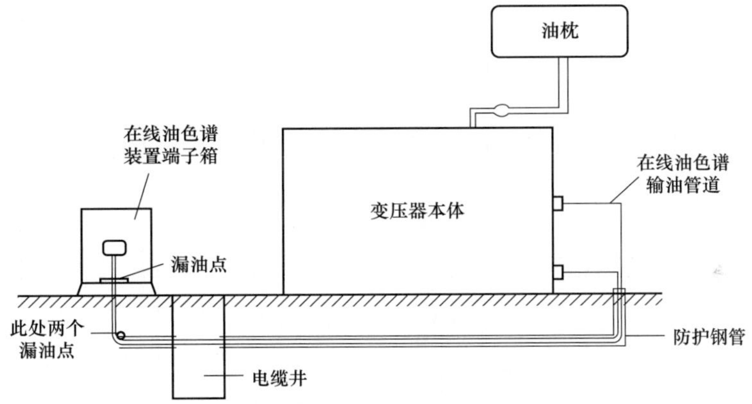

图 5-23　接地网示意图

油色谱装置 2018 年 8 月安装调试合格运行至今，线路共计发生接地短路故障 7 次，最近一次 2021 年 7 月 9 日的单相永久接地故障电流达到 10kA，且由于 220kV2 号主变压器中性点直接接地运行，所有站内零序电流均流向 2 号主变压器处地网，考虑地网存在接触不良缺陷，且在线油色谱输油管路金属防护管道、端子箱内穿缆金属盖板接地不良，线路短路故障时，易产生电位差，进而引发放电。

(3) 案例 3。某 500kV 变电站 SVC 主接线如图 5-24 所示。其干式空心电抗器采用多个同轴绕组包封并联的结构形式，额定电流 2000A，其运行时产生工频干扰电磁场。而当时未敷设室外二次接地网，只在室内敷设了二次接地网。电缆屏蔽层采用双端接地。315 断路器端子箱内的屏蔽层总电流能够达到 90A，平均每根到达 10A，在运行过程中已将电缆屏蔽层接地线烧毁（见图 5-25），烧毁后电缆屏蔽层和接地处的干扰电压高达 16.42V。从保护小室沿电缆沟方向敷设一根 70mm^2 铜缆到 315 断路器端子箱内，模拟二次接地网，干扰电压下降至 7.50V，下降至原幅值的 45%。如果敷设完善的整体二次接地网，效果将会得到进一步的改善。

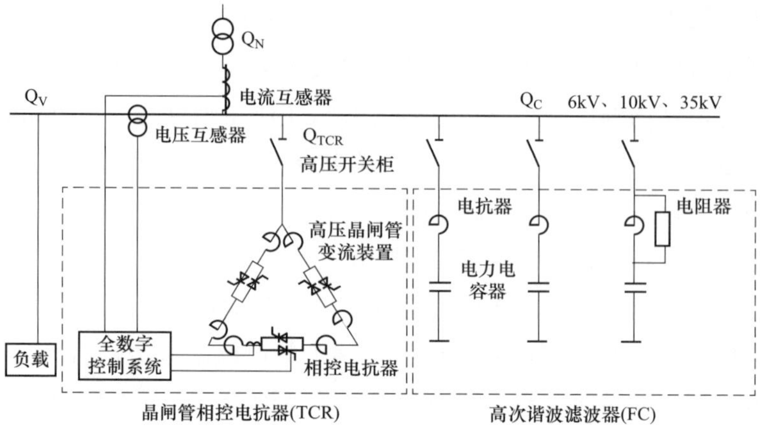

图 5-24 SVC 系统的组成结构图

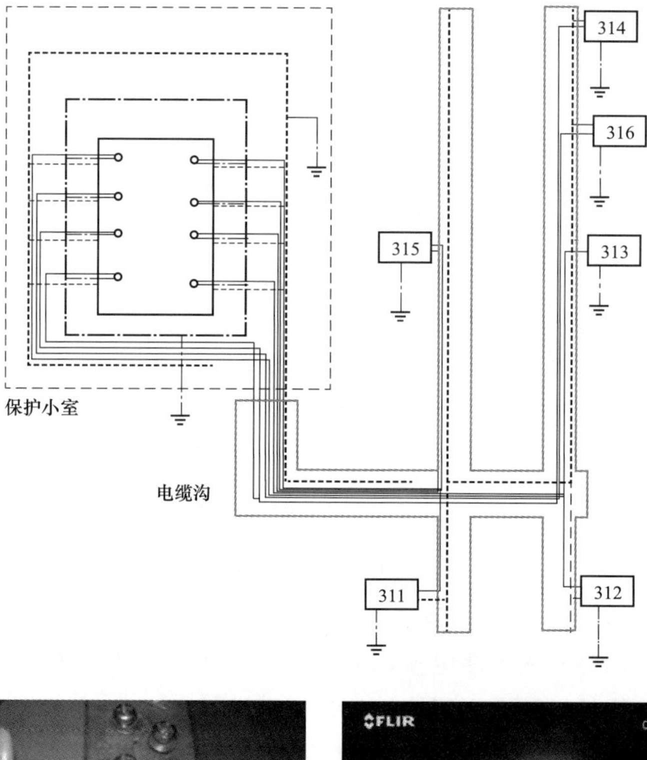

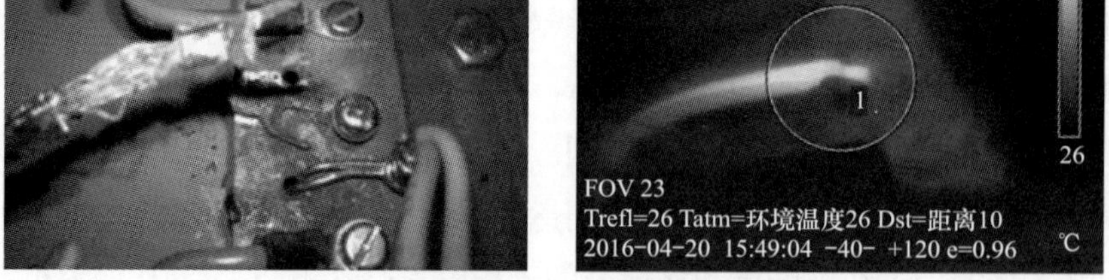

图 5-25 315 端子箱接地点烧蚀情况

点画线—电缆屏蔽层与铜排的接地线；虚线—屏柜与接地扁钢；实线—二次电缆

通过红外测温发现电缆屏蔽层发热严重，通过钳形表对个汇控柜内二次电缆的屏蔽层电流进行测试得到数据如表 5-1，其中所测电流值为到某个方向所有电缆屏蔽层的电流和。

表 5-1　　各线路屏蔽层感应电流

线路	汇控柜侧最高温度/℃	至保护小室电缆的屏蔽层电流/A
311 号	36.8	15.62
312 号	32.3	14
313 号	62.9	23
314 号	94	18
315 号	烧损	16.42

5. 国内外要求差异分析及建议

根据《导则》的要求，高电压设备外壳属于金属外壳，也属于应接入二次接地网的金属部件。而《国家电网有限公司十八项电网重大反事故措施》中并无此要求，目前实际工程中，高电压设备外壳均接入主接地网而未接入二次接地网。国内要求由一次设备（如变压器、断路器、隔离开关和电流、电压互感器等）本体到就地端子箱的金属管要和电缆沟的二次接地网分开，并且电缆屏蔽层在一次设备本体处不接地。而国际大电网组织要求该部分金属管旁边也要敷设 50 平方米以上的二次接地网，不能有断裂，电缆屏蔽层也要求两端接地。

二次接地网是地面的安全地，设备的金属外壳的安全接地接到二次接地网上后，可使得设备外壳与地面都处于等电位状态，即使设备因故障使外壳带电，人体站在地面用手接触到带电的设备外壳，也不会出现触电的危险。

主接地网是对大接地电流起散流作用，当有强电流注入主接地网时，主接地网会出现跨步电压。如果此时处在跨步电压范围中的设备外壳接到主接地网上，该电压就会使设备外壳带电，与地面二次接地网产生电位差。此电位差会加到设备中的低压电路与外壳之间，倘若该电压超过了电路的对地耐压，此电路就会遭受地电位出现高压的“反击”，危及设备的安全；假如此时人体接触到设备外壳，就会发生触电的危险。对于跨步电压不满足要求的变电站的地面要求采用沥青等做绝缘隔离处理的情况下，此问题将显得更加突出。

高压设备带电部位由于气象原因出现电晕和闪络时，对地电流不大，但频谱很宽，成为有害的高频骚扰源，需要为此电流提供最小的接地阻抗入地。构成接地环路的回路阻抗很小，在高压设备安装面搭接二次接地网格，是消除这类电磁骚扰的有效措施。

本章研究的室外二次接地网的搭接方案是按满足《导则》的要求进行的设想，其范围不仅涵盖了电缆沟内的二次接地网接地铜排以及开关场的二次端子箱，还主要包含了一次设备的外壳、金属构架和设备支架。

在没有搭建二次接地网的时候，室外主设备底座及外壳的接地一直是接入主接地网的，此做法早已成为习惯。目前，在二次接地网搭接中仍然存在将这些设备外壳接主接地网，而忽略与二次接地网搭接的问题。

下面将分别就室外主设备外壳怎样搭接二次接地网展开研究。

（1）变压器、并联电抗器。

直接接地的变压器中性点、变压器、发电机和高压并联电抗器中性点所接自动跟踪补偿消弧装置提供感性电流的部分、接地电抗器、电阻器或变压器等的接地端子应采用专门敷设的接地导体（线）接地。

变压器本体应两点接地。中性点接地引出后，应有两根接地引线与主接地网的不同干线连接，其规格应满足设计要求。

铁芯和夹件的接地引出套管、套管的末屏接地应符合产品技术文件的要求。

可能将接地网的高电位引向厂、站外或将低电位引向厂、站内的设备，应采取下列防止转移电位引起危害的隔离措施：①站用变压器向厂、站外低压电气装置供电时，其0.4kV绕组的短时（1min）交流耐受电压应比厂、站接地网地电位高40%。向厂、站外供电用低压线路采用架空线，其电源中性点不在厂、站内接地，改在厂、站外适当的地方接地；②对外的非光纤通信设备加隔离变压器；③通向厂、站外的管道采用绝缘段；④铁路轨道分别在两处加绝缘鱼尾板等。

发电厂和变电站接地装置的热稳定校验，应符合下列要求：①在有效接地系统及低电阻接地系统中，发电厂和变电站电气装置中电气装置接地导体（线）的截面，应按接地故障（短路）电流进行热稳定校验。接地导体（线）的最大允许温度和接地导体（线）截面的热稳定校验。②校验不接地、谐振接地和高电阻接地系统中，电气装置接地导体（线）在单相接地故障时的热稳定，敷设在地上的接地导体（线）长时间温度不应高于150℃，敷设在地下的接地导体（线）长时间温度不应高于100℃。③接地装置接地极的截面积，不宜小于连接至该接地装置的接地导体（线）截面积的75%。

户外箱式变压器、环网柜和柱上配电变压器等电气装置，宜敷设围绕户外箱式变压器、环网柜和柱上配电变压器的闭合环形的接地装置。居民区，当接地装置所在处土壤电阻率较高时，附近人行道路宜采用沥青路面。

与户外箱式变压器和环网柜内所有电气装置的外露导电部分连接的接地母线，应与闭合环形接地装置相连接。

配电变压器等电气装置安装在由其供电的建筑物内的配电装置室时，其所设接地装置应与建筑物基础钢筋等相连。配电变压器室内所有电气装置的外露导电部分应连接至该室内的接地母线，该接地母线应再连接至配电装置室的接地装置。

引入配电装置室的每条架空线路安装的金属氧化物避雷器的接地导体（线），应与配电装置室的接地装置连接，但在入地处应敷设集中接地装置。

变压器外壳安装有二次设备，二次设备上有远方引入的二次电缆，为了防止变压器外壳和二次电缆形成一个电位差，危及二次电缆、二次设备的安全，需要将变压器外壳和二次接地网相连，并且该部分电缆屏蔽层在变压器外壳本体处接地，同时在另外一端接地。如前面的变压器在线监测的油管漏油案例可知，当其接地不良时，将有可能造成持续放电导致油管击穿。

运维人员可接触到变压器外壳，变压器外壳的二次设备、二次电缆，因此为了避免转移电位造成人员的伤害，应要求变压器外壳、外壳上的二次设备、二次电缆均就地连接在一起。否则将有可能由于转移电位造成人员伤害。

必须注意：二次接地网与主接地网的连接点要远离主变压器中性点连接主接地网的位置1～2个主接地网网格的距离，或在15m以外，以避免共阻抗耦合干扰。当主变压器某一相靠近中性点接地位置时，该相主变压器外壳接地除通过接地铜排与电缆沟中的接地铜排连接外，还需敷设另一条铜排与相邻相主变压器外壳接地铜排相连接，构成接地环路。

（2）干式空心电抗器。

干式空心电抗器由于具有线性度良好、噪声低、价格便宜等优点在电力系统内得到广泛的应用。但由于其采用无磁芯的空心电抗器，周围空间磁力线发散，磁场能量高且离地面较近，对周围环境的电磁干扰较大。因此需要特别关注。

干式空心电抗器的基座之间接地连接线和引下线采用铜排，且不得连接形成闭合回路。电抗器周围及上下有影响区域内不得有封闭金属环，电抗器水泥基础内预埋的金属制件不得形成闭环回路以免形成环流和发热。

干式电抗器围栏采用不锈钢等非磁性材料围栏，且必须有一个绝缘断面，不得形成闭合回路。电抗器围栏不应与主接地网两点相连，可采取单点连接或者不连接，单点连接点宜设置在人员可同时接触到围栏和变电站其他金属设备或者构架处。

干式空心电抗器离地高度应经过校核，避免地面上的二次设备、地网环流过大。干式空心电抗器宜安装在变电站边缘，减少其对二次设备的影响。干式空心电抗器附近的二次电缆应加强二次接地网的安装，降低电缆屏蔽层的环流。采用电缆托盘、电缆金属管旁边再敷设100mm^{2}以上的铜缆等措施。

（3）敞开式高压设备。

由于电压和电流互感器二次回路是唯一直接连接到高压设备的电路，因此必须特别注意其接地要求。即使这种连接是通过降压变压器实现的，但因为降压系数（变比）仅对工频适用，而在高频干扰下，该装置共模和差模干扰的高频传递函数与变压器匝数比差异很大，特别是电容式电压互感器的二次回路。变电站的隔离开关、断路器等操作引起的VFTO，将会沿着电容式电压互感器传递到其二次回路/高频电缆，从而引起载波机的避雷器烧毁、高频电缆烧毁、二次设备烧毁、载波中断等事件时有发生。

而国内现在的常用做法，将会出现二次接地网在就地端子箱处不连贯的情况，此时将会大大降低其高频干扰的屏蔽效能，在故障电流经过时，将会在不连贯处产生过电压导致事故的发生。近年来国家电网和南方电网发生多起互感器故障，对系统安全运行构成严重威胁，如2016年11月3日，穗东换流站5052断路器侧的LVQB-500W型SF_6电流互感器发生内部击穿故障并引起线路跳闸，分析认为盆式绝缘子形成贯穿放电通道后，故障电流从TA一次壳体经盆式绝缘子后，通过二次引线管及屏蔽罩接地引下线入地。2020年5月21日，安顺电厂5023断路器的LVQBT-550W3型SF_6电流互感器发生内部故障，引起500kV安电Ⅰ回线路、Ⅱ母线差动保护相继动作跳闸，分析认为盆式绝缘子内外表面发生贯穿性击穿，导致TA一次对地短路，击穿产生的短路电流熔断二次接地线后部分窜入二次绕组引线，使得5023断路器二次回路端子箱移位并在内部形成放电破坏。2020年11月16日，武汉光谷高新区楚雄大道307号220kV关山站关25间隔B相油浸式电流互感器燃爆，导致220kV凤关Ⅱ线、2号母线相继跳闸，负荷损失35MW，相邻4个间隔部分设备受损，由于地处市区，也导致了一定的舆情，事后分析认为互感器头部三通阀密封不良、内部受潮导致了油纸电容芯子主绝缘击穿。2021年6月4日，铁山站母联2012 C相TA发生一次对二次绕组绝缘击穿，引起母线差动保护动作跳闸，事后分析为二次备用绕组故障导致。以上案例说明由于互感设备本身或者二次接地网、二次电缆接地不良导致事故问题突出。

建议按照国际大电网组织推荐的方法，将二次接地网引导到现场TA/TV本体端子箱，并且将TA/TV本体端子箱的电缆屏蔽层接地，如图5-26所示。

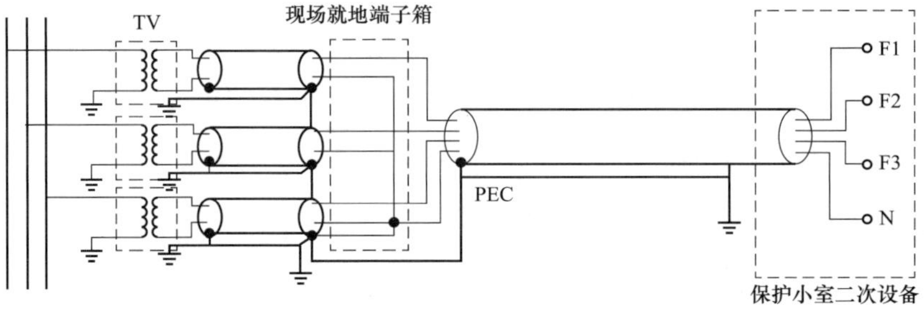

图5-26　二次接地网改进

（4）HGIS\GIS等气体绝缘金属封闭开关设备。

气体绝缘金属封闭开关设备区域应设置专用接地网，并应成为变电站总接地网的一个组成部分。该设备区域专用接地网，应由该设备制造厂设计，并应具有下列功能：①应能防止故障时人触摸该设备的金属外壳遭到电击；②释放分相式设备外壳的感应电流；③快速流散开关设备操作引起的快速瞬态电流。

气体绝缘金属封闭开关设备外部近区故障人触摸其金属外壳时，区域专用接地网应保证触及者手-脚间的接触电位差符合式（5-3）的要求

$$\sqrt{U_{tmax}^2+(U'_{tomax})^2}<U_t \tag{5-3}$$

式中，U_{tmax}^2为设备区域专用接地网最大接触电位差，由人脚下的点决定；U'_{tomax}为设备外壳上、外壳之间或外壳与任何水平/垂直支架之间金属到金属因感应产生的最大电压差；U_t

为接触电位差允许值。

气体绝缘金属封闭开关设备区域专用接地网与变电站总接地网的连接线，不应少于4根。连接线截面积的热稳定校验应符合规范要求。4根连接线截面的热稳定校验电流，应按单相接地故障时最大不对称电流有效值的35%取值。

气体绝缘金属封闭开关设备的接地导体（线）及其连接，应符合下列要求：①三相共箱式或分相式设备的金属外壳与其基座上接地母线的连接方式，应按制造厂要求执行。其采用的连接方式，应确保无故障时所有金属外壳运行在地电位水平。当在指定点接地时，应确保母线各段外壳之间电压差在允许范围内；②设备基座上的接地母线应按制造厂要求与该区域专用接地网连接；③本条第①和②款连接线的截面，应满足设备接地故障（短路）时热稳定的要求。

当气体绝缘金属封闭开关设备置于建筑物内时，建筑物地基内的钢筋应与人工敷设的接地网相连接。建筑物立柱、钢筋混凝土地板内的钢筋等与建筑物地基内的钢筋，应相互连接，并应良好焊接。室内还应设置环形接地母线，室内各种需接地的设备（包括前述各种钢筋）均应连接至环形接地母线。环形接地母线还应与气体绝缘金属封闭开关设备区域专用接地网相连接。

气体绝缘金属封闭开关设备与电力电缆或与变压器/电抗器直接相连时，电力电缆护层或气体绝缘金属封闭开关设备与变压器/电抗器之间套管的变压器/电抗器侧，应通过接地导体（线）以最短路径接到接地母线或气体绝缘金属封闭开关设备区域专用接地网。气体绝缘金属封闭开关设备外壳和电缆护套之间，以及其外壳和变压器/电抗器套管之间的隔离（绝缘）元件，应安装相应的隔离保护器。保护器额定电压的选择应能承受在接地故障电流流入地网时GIS和电缆护层两个接地系统之间产生的地电位差，又能在由断路器（隔离开关）分合或GIS中的故障产生的特快速瞬态过电压（VFTO）下，保护绝缘元件免受损坏。由于各制造厂的GIS结构不同，制造厂应提供绝缘元件的绝缘水平和保护器的技术条件。

气体绝缘金属封闭开关设备置于建筑物内时，设备区域专用接地网可采用钢导体。置于户外时，设备区域专用接地网宜采用铜导体。主接地网也宜采用铜或铜覆钢材。

（5）金属构架及设备支架搭接二次接地网。

超高压变电站开关场用于布置安装电气设备的金属构架大多采用镀锌钢构件制成，各安装组件之间无论是焊接还是用螺栓压接，相互之间具备电气意义上良好接触，构成良好的不带电金属框架。将所有构架的落地支柱采用扁钢接入主接地网，一组框架的横梁连通立柱与主接地网的水平导体构成空间的接地环路。每个框架在电气一次线专业安装设计中已经提出要求，需具有两根接地线接主接地网。如果将两个接地点分别置于两根立柱上，实际已经实现了空间接地环路的搭接。高压母线的骚扰电流产生的磁通一部分会穿越该空间接地环路，产生感应环流。该环流能产生部分反相磁通，阻止其到达地面，对布置在电缆沟中的控制电缆起到降缓干扰作用。

OPGW应在进站门型架顶端、最下端固定点（余缆前）和光缆末端分别通过匹配的专用接地线可靠接地，其余部分应与构架绝缘。采用分段绝缘方式架设的输电线路OPGW，绝缘段接续塔引下的OPGW与构架之间的最小绝缘距离应满足安全运行要求，接地点应与构架可靠连接。OPGW、ADSS等光缆在进站门型架处应悬挂醒目光缆标识牌。引入光缆从门型架至电缆沟地埋部分应全程穿热镀锌钢管，钢管应全程密闭并与站内接地网可靠连接，钢管埋设路径上应设置地埋光缆标识或标牌，钢管地面部分应与构架固定。

OPGW接入变电站构架时，要求将OPGW与变电站构架顶端的接地网连接点之间用接地线可靠连接。接地线截面积与OPGW截面积相同，接地线和变电站构架接地网的金属连接面要求表面平整，牢固连接后具有良好的导电性能，保证OPGW与变电站接地网有可靠的第一连接处。在引下OPGW接续盒与顶端的OPGW第一接地点之间适当位置间，要求将OPGW与变电站构架横向金属平台构件接地网连接点或与变电站内地面接地网连接点之间用接地线可靠连接。接地线截面积与OPGW截面积相同，接地线与变电站构架横向金属平台构件接地网连接处或地面接地网连接点的金属连接面要求表面平整，牢固连接后具有良好的导电性能，保证OPGW与变电站接地网有可靠的第二连接处。引下OPGW外体与构架所有金属体之间不应存在非安装性固定接触点，防止OPGW外体与构架所有金属体之间存在的间隙放电。

严禁利用避雷针、变电站构架和带避雷线的杆塔作为低压线、通信线、广播线、电视天线的支柱。

（6）平行接地导体的搭接。

与电缆平行敷设的接地导体叫做平行接地导体（parallel earth conductor，PEC）。《国家电网有限公司十八项电网重大反事故措施》中要求敷设在二次电缆沟道的二次接地网接地铜排，是PEC的一种。除二次接地网的接地铜排外，与电缆平行敷设的电缆托盘、电缆桥架均可看做PEC。《导则》中要求，所有能起到PEC作用的金属部件（包括安装混凝土基础中的钢筋），不仅要求将它们接地，而且应该做到使流经它们的电流全程连续，不因接触不良而受阻，这点非常重要。

将金属部件彼此连接，并在交叉处互相连通，形成网格。这样做的重要性不仅是为了固定该部件的地电位，而且是要使与电路同一走向的骚扰电流沿着金属部件提供的路径流过它们，并做到有源电路（电缆芯线）与接地电路（屏蔽层及设备外壳等）间的面积尽可能小。

1）电缆沟铜排敷设及搭接地。沿连接二次线设备的电缆沟道敷设截面积不小于$100mm^2$的铜排，有条件的工程最好采用多股铜丝绞合的线缆。铜排（缆）两端分别与两侧连接设备处的接地母线相连接；铜排敷设途径中如与其他接地导体相交时，应在交叉点连通，保持相交铜排间电气上的良好接触；除交叉点以外，接地铜排也可以与主接地网相连，连接方式根据各地区相关部门的具体要求实施，这里不作具体规定，但要注意连接点在

15m 以内无雷电流和主变压器中性点强地电流注入主接地网的接入点。

2）电缆金属穿管搭接地。由开关场的变压器、断路器、隔离开关和电流、电压互感器等设备至开关场就地端子箱之间的二次电缆应作为并行接地导体的金属管从一次设备的接线盒（箱）敷设至电缆沟，并将金属管的上端与上述设备的底座和金属外壳良好焊接，下端就近与端子箱外壳良好焊接，与箱体的外壳接地支路构成接地环路。穿管中的电缆屏蔽层两端在接线盒处使用截面积不小于 $4mm^2$ 多股铜质软导线与箱体外壳可靠连接，在端子箱处连接至箱内二次接地网的铜排上。

3）电缆托盘的搭接地。电缆托盘为多块长方形 U 形金属板构成，铺设在电缆的下方，对地面上的电缆起支撑作用，同时如采用有效的连接方法，使得相互连接的两块电缆托盘保持电气上的良好接触，并将首末两端采用截面积不小于 $50mm^2$ 多股铜导线接地，成为在电路上连续导流的载体，即可成为电缆的平行接地导体，起到降缓电磁骚扰源对敷设在托盘中电缆产生干扰的作用。要获得好的抗干扰效果，托盘间的相互连接应采用无引线的无间断搭接，如金属表面有防锈层需采用双圈锯齿垫圈破除，实现良好的导电接触。

（7）室外三维立体二次接地网与主接地网的连接。

二次接地网是地面上相互搭接在一起的不带电的金属组合体，彼此在纵横交叉处通过电气上的连通，在地面、空间形成不同形式的网格和框架，从而整体构成一个三维接地网络，起接地母线的作用，具有很低的接地阻抗，作为变电站电气二次线设备及回路接地的基础平台。二次接地网不与土壤接触，不能起向土壤散流作用，因此不能接入有电源性质的接地点，无电流流过（至少对工频是这样）不产生电压降。

主接地网的水平导体能起到加强二次接地网效能的作用。二次接地网在保证等电位性质前提下，尽可能地利用主接地网水平导体加强自身降低接地阻抗的功能。在与主接地网连接时，一定要注意避开能产生跨步电压的强电流注入点，不要将主接地网在非常态产生的高地电位引导到二次接地网上，比如雷电流和工频电源中性线电流。

主接地网的水平导体有帮助二次接地网降缓电磁骚扰的作用，因此有人提出：用加强主接地网的水平接地导体来替代二次接地网。此法不可取，因为地下的水平接地导体与地面的二次接地网所产生的降低接地阻抗的效果差别较大。对于高频信号回路的阻抗而言，主要受回路电感 $L=d\Phi/di$ 影响，回路电感与回路所包围的磁通量成正比与回路电流的变化量成反比。地下的水平接地导体一部分电流散流进土壤，产生反向磁通的环流 di 减小，回路电感将随着土壤电阻率的减小而增大；地面二次接地网格不存在向土壤散流问题，di 不会减小，所以回路电感不会增大，阻抗就不会增大。因此，搭接地面的二次接地网其作用是重要的和不可替代的。

《导则》中要求将地面所有不带电金属体连接成三维接地网格，是为了给骚扰源提供更低的接地阻抗，让其经最短路径入地，避免其经不应该流通的电路产生干扰。

5.2.5 屏柜及二次设备的接地方式

二次屏柜主要是指继电器小室、主控楼内的保护屏、测控屏等。屏柜中配置的微机保护测控装置是敏感源，属于要认真考虑防电磁骚扰的防护对象。包括柜体在内的其他部件则是作为可利用的器件，为建立良好的接地系统起到有效作用。

对于外壳与带电部分绝缘的电气设备，为了防止设备漏电，感应电压以及其他情况导致外壳带电致使人身触电或者人体静电造成设备损坏，通常要求金属外壳在安装处接地，以保证设备外壳和安装处电位相等。这种接地通常称为保护地或者安全地。

微电子设备在电力系统广泛应用之前的几十年里，电网中的保护装置采用工频电路工作原理，其对低频信号敏感。低频信号依赖导体传送，按照电路接线提供的通路流转，因此“开路或分路原理”就可以避免共阻抗耦合和共回路耦合干扰，这就是单点接地和分路接地能避免干扰的原因。

目前保护装置已完全实现由工频模拟量测量电路向数字化微电子设备转型。电气设备对电磁骚扰源的敏感性与其电路工作原理相关，微电子设备工作频率为几十兆赫兹，因此其对高频信号敏感，原用于低频信号敏感源的电磁防护措施需要随之改变。

1. 国内屏柜及二次设备的接地要求

T/CEC 245—2019《变电站继电保护接地技术规范》对二次设备的接地要求如下。

（1）继电保护等二次设备的箱体（外壳）上应设有专用的安全地接地端子，应用截面积不小于 $4mm^2$ 的专用接地多股软铜线（专用接地多股软铜线以下简称为专用接地线）接至柜内接地铜排。

（2）保护装置工作电源保护地宜用截面积不小于 $4mm^2$ 的专用接地线接至柜内接地铜排。

（3）继电保护通信接口装置 48V 电源的正极应与柜内接地铜排可靠连接，宜用截面积不小于 $4mm^2$ 的专用接地线。

（4）RS485、RS232 等通信端口应与内部逻辑回路隔离，其信号地不应接地。

（5）输入端口、输出端口应与内部逻辑回路隔离，不需要接地。

（6）安装继电保护等二次设备或二次电缆的屏柜（包括保护控制柜、开关柜、配电柜、汇控柜、智能控制柜、就地端子箱等，以下简称屏柜或柜），应设置 1 根截面积不小于 $100mm^2$ 的与柜体不绝缘的柜内接地铜排（简称接地铜排），可不设置与柜体绝缘的接地铜排。

（7）柜内所有可能触及的外露可导电部分应实现电气互连，并可靠接地：

1）柜体应用截面积不小于 $4mm^2$ 的专用接地线可靠接至接地铜排；

2）柜门应用截面积不小于 $4mm^2$ 的专用接地线可靠接至屏柜本体；

3）柜内端子排的安装导轨应与屏柜本体可靠连接；

4）柜内所有装置的金属外壳与安装支架应可靠接至屏柜本体或接地铜排。

(8) 室内屏柜的接地铜排应用截面积不小于 $50mm^2$ 的铜排(缆)接至室内的二次接地网，室外屏柜的接地铜排应用截面积不小于 $100mm^2$ 的铜排(缆)接至室外的二次接地网。

(9) 屏柜的本体应与主接地网可靠连接。

(10) 安装在一次设备或其支架上的本体端子箱、机构操作箱、接线箱(盒)等，箱内二次电缆的屏蔽层在此端不接地时，箱内可不设接地铜排，可参见章节 4.5.3。

(11) 光缆的金属加强芯、金属护套及铠装层等金属构件不应在屏柜内部接地，金属构件与柜体及柜内设备应绝缘；光缆的金属构件宜接至柜外主接地网，也可不接地。

(12) 柜内交流供电电源的中性线(零线)不应与柜体连接；接地线(PE)应与柜体连接，可接至柜内接地铜排。

(13)《国家电网有限公司十八项电网重大反事故措施(修订版)》增加如下要求：直流电源系统绝缘监测装置的平衡桥和检测桥的接地端以及微机型继电保护装置柜屏内的交流供电电源(照明、打印机和调制解调器)的中性线(零线)不应接入保护专用的等电位接地网。

2. 通信等行业对低压设备的接地要求

(1) 通信机柜内设备之间的布线。

首选的机柜类型至少具有一个连续的金属壁且良好搭接到地，电缆首选靠该金属壁布线，经由设备连接间的最短距离走线。

不推荐不能形成连续金属导体机柜的柜壁，如那些在安装前油漆、或只用几个螺钉安装的机柜。然而，在这种机柜里，如果垂直或水平梁被正确接地，则这种梁可作为 PEC 使用。

如果 PEC 能够提供足够低的 Z_t，允许两设备间最短连接。这个规则的例外情况是，设备使用了对应用环境里可能出现的所有骚扰都具有足够高的 CM 抗扰度(电流和/或电压)的电缆。

(2) 通信机柜之间的布线。

推荐电缆和 PEC 的组合。一个 PEC 可以是电缆中的保护性接地引线；起到 PEC 作用的屏蔽层能提供更好的 EMC 性能，护管的走向可与电缆屏蔽层平行，屏蔽层和护管都应正确连接到机柜壁上：屏蔽层的环接用适当的密封压盖压紧，而护管则需在整个横截面上接触。

(3) 设施之间或建筑物之间的布线。

对于设施之间为长距离的情况，某些合适的 PEC 形式是需要的，对 PEC 作附加的接地连接可在 PEC 整个长度上减小骚扰电流。

电缆经常被捆扎且置于金属线槽内。金属线槽应互相连接以使其 EMC 效能最大化，同时也视 PEC 为最低要求，线槽的两端均应连接到地，并与使用线槽中电缆的设备相连。不推荐非导电线槽，但当有其他 PECs 时可以使用。可能有很多形式的线槽：梯形金属线槽 EMC 性能有限，金属板、U 形护管以及刚性套管或连续焊管能提供更好的性能。

梯形线槽有两个侧梁，其间有台阶。对于 EMC 而言，梯形线槽的侧梁更为重要，是因为它们为平行于电缆的骚扰电流建立了路径，就 Z_t 而言，侧梁可被视为两根平行导线。

3. 国内外对屏柜及二次设备的接地要求差异分析及建议

（1）电源系统的接地。

1）低压系统接地制式分类。

低压系统接地制式按配电系统和电气设备不同的接地组合来分类，按照 IEC（国际电工委员会）规定，低压系统接地制式由两个字母组成，必要时可加后续字母。因为 IEC 以法文作为正式文件，因此所用的字母为相应法文文字的首字母。

按接地制式划分，配电系统有 TN-S、TN-C、TN-C-S、TT、IT 等 5 种。

第一个字母表示电源接地点对地的关系：T（法文 Terre 的首字母）表示直接接地，1（法文 Isolant 的首字母）表示不接地（包括所有带电部分与地隔离）或通过阻抗与大地相连。第二个字母表示电气设备的外露导电部分与地的关系：T 表示独立于电源接地点的直接接地，N（法文 Neutre 的首字母）表示直接与电源系统接地点或与该点引出导体相连接。

后续字母表示中性线与保护线之间的关系：C（法文 Combinasion 的首字母）表示中性线 N 与保护线 PE 合并为 PEN 线；S（法文 Separateur 的首字母）表示中性线与保护线分开；C-S 表示在电源侧为 PEN 线，从某点分开为 N 及 PE 线。

2）厂站交流电源接地。

据调研，现阶段国内对站用交流电源采用 TN-C，或者 TN-C-S 两种接地方式较多。GB/T 50065—2011《交流电气装置的接地设计规范》要求的多电源 TN-C-S 系统如图 5-27 所示。

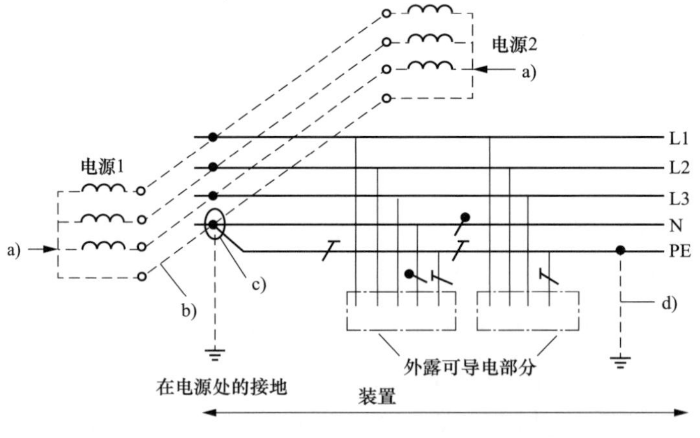

图 5-27　多电源 TN-C-S 系统结构图

DL/T 5155—2016《220kV～1000kV 变电站站用电设计技术规程》中规定屋外变电站站用电低压中央供电系统宜采用三相四线制中性点直接接地方式（TN-C），全屋内变电站、建筑内及分散的检修供电可采用全部或局部三相五线制中性点直接接地方式（TN-S 或 TN-C-S）。三相四线系统（TN-C）中引入建筑的保护接地中性导体（PEN）应重复接地，严禁在PEN线中接入开关或隔离电器。

2014版及2018版国网物资采购标准要求相同，以Q/GDW 13187—2018《220kV～750kV变电站智能一体化电源系统采购标准》为例，其通用技术规范中5.5.1.1交流电源的基本参数要求相数为三相五线（A、B、C、N、PE）。专用技术规范中表1第15行“交流电源系统接地的型式”，标准参数值为TN-S。

GB/T 50065—2011提及的TN-C-S系统，其TN-C部分在中央屏之前，而中央屏直流采用TN-S系统。而DL/T 5155—2016提及的TN-C-S系统，是指在中央屏后主要采用TN-C系统，进入建筑物改为TN-S系统。

GB/T 50065—2011《交流电气装置的接地设计规范》重点强调“应避免工作电流流过不期望的路径”。如果采用TN-C系统PEN线重复接地的方式，会导致中性线电流从地网分流，该电流即为不期望电流：该电流以大地为通路返回电源，可能腐蚀地下基础钢筋或金属管道等金属部分；该电流将产生杂散电磁场，可能干扰信息技术设备的正常工作；该电流可使电气装置内的剩余电流动作“漏电”火灾报警器拒动或误动。

DL/T 5155—2016提到的TN-C系统安全性的问题：

首先，应确定GB/T 50065—2011中要求TN-C系统重复接地的原因。《工业与民用供配电设计手册（第四版）》第14.3.1.5节提到：TN-C系统由于PE线和N线共用一根线，虽节省一根导体，但其人身安全水平降低了。如果PEN断线，设备金属外壳对地将带220V的故障电压，电击危险很大。出于以上原因，IEC相关标准才规定PEN线宜重复接地。

而DL/T 5155—2016提出的TN-C系统重复接地更安全。首先，N线在后端重复接地防止长电缆末端中性线零飘的问题；第二，防止出现N线首端断线，系统失零的问题。

3）厂站直流电源接地。

为了提高直流馈线的可靠性，现厂站低压直流系统正负极对地正常情况下都是绝缘的。但按照要求需要增设绝缘监测系统。从运行可靠性看，厂站低压直流电源采用不接地系统，在二次回路发生单相接地时，二次回路、二次设备依然可以保持继续运行；而采用直接接地的通信直流电源，在二次回路发生接地时，就会出现短路电流，电源断路器跳闸、二次设备不可用的问题。以此来看，厂站直流电源的可靠性更高。但这却对厂站直流二次回路运维提出了更高的要求，当发生直流系统一点接地时，需要尽快找出故障点，否则可能会引起两点接地，导致保护误动，或者发生短路导致跳闸。因此需要配置绝缘监测装置，先行定位故障点所在支路，然后运维人员依靠便携式直流接地查找仪找出故障点。由于绝缘监测装置的平衡电阻，对二次设备、保护装置的电压影响较大，分析也异常复杂，最近一点接地时保护误动的问题也时有发生。

绝缘监测平衡桥和检测桥的接地问题讨论。《“国家电网有限公司十八项电网重大反事故措施”（修订版）》增加如下要求：直流电源系统绝缘监测装置的平衡桥和检测桥的接地端以及微机型继电保护装置柜屏内的交流供电电源（照明、打印机和调制解调器）的中性线（零线）不应接入保护专用的等电位接地网。

这是保护屏柜装设两条接地铜排的后遗症，直流电源系统绝缘监测装置的平衡桥和检测桥的接地端可直接和保护屏柜内的等电位接地网（二次接地网）相连。原因主要如下：①从低频信号来看，即使是原来的保护屏柜设置两个接地铜排，两个接地铜排之间的直流电阻非常小。因此无论是接到哪个铜排，对低频信号来说几乎无差别，更何况现在已要求保护屏柜内部只需设置一个接地铜排。②从高频信号来看，更应直接接到最近的等电位接地网。只有将其就近接地，方能将高频干扰降到最低，高频干扰对传输距离更敏感，只有以最短的距离接地，方可快速释放高频干扰电压。同时由于厂站直流系统的等效对地电容较大，等效阻抗远小于平衡电阻，因此更多的高频干扰通过等效对地电容释放，通过该处接地点释放的量非常小。③绝缘监测装置是监测二次回路的接地电阻，而等电位接地网（二次接地网）和二次回路紧密相挨，是在二次回路和主接地网之间。如二次电缆发生绝缘下降时，首先电缆屏蔽层之间的绝缘电阻降低，或者室外端子箱内的二次回路和端子箱间的绝缘下降，而电缆屏蔽层、室外端子箱都是二次接地网的有机组成部分，因此从理论上来说也是监测二次回路和二次接地网、等电位接地网之间的绝缘电阻，当然这和二次回路和主接地网的电阻几乎可以认为是完全一致的，因此直流电源系统绝缘监测装置的平衡桥和检测桥的接地端有必要接入保护屏柜内的等电位接地网。

（2）二次屏柜的接地铜排。

根据调研，二次屏柜内接地铜排的设置目前并不统一，不同地区不同工程有不同做法，无规律可循并且也无明确依据，仅根据地区运行习惯而定。有的工程二次屏柜内设置 2 根接地铜排，1 根与柜体绝缘 1 根与柜体不绝缘。有的工程设置 1 根与柜体不绝缘的接地铜排，有的工程设置 1 根与柜体绝缘的接地铜排。有些工程全站接地铜排的设置也未能统一。而绝缘铜排和不绝缘铜排上所接的设备接地也各不相同，并无规律或经验可供分析总结，缺乏可借鉴性。

对于二次屏柜内接地铜排的设置，《国家电网公司十八项电网重大反事故措施（修订版）》中第 15.7.3.4 条仅规定静态保护和控制装置的屏柜下部应设有截面积不小于 $100mm^2$ 的接地铜排，并未明确设置 2 根还是 1 根接地铜排以及接地铜排与屏柜的连接方式。DL/T 5136—2012《火力发电厂、变电站二次接线设计技术规程》有明确的说明，第 16.2.2 中提到：当单个屏柜内部的多个装置的信号逻辑零电位点分别独立，并且不需引出装置小箱（浮空）或需与小箱壳体连接时，总接地铜排可不与屏体绝缘；各装置小箱的接地引线应分别与总接地铜排可靠连接。第 16.2.3 中提到：当屏柜上多个装置组成一个系统时，屏柜内部各装置的逻辑接地点均应与装置小箱壳体绝缘，并分别引接至屏柜内总接地铜排。总接地铜排应与屏柜壳体绝缘。

目前二次屏柜并不存在屏柜上多个装置组成一个系统的情况，因此根据 DL/T 5136—2012 的要求，接地铜排是否与屏体绝缘取决于屏柜内装置的信号逻辑零电位设置方式：当信号逻辑零电位浮空或与装置机箱壳体连接时接地铜排与屏体不绝缘；当信号逻辑零电位引出装置机箱并与机箱壳体绝缘时接地铜排需与屏体绝缘。信号逻辑零电位点即指以上章节中提到的逻辑地。根据《调研报告》，目前国内主流控制保护厂家生产的装置信号逻辑零电位都采取浮空或与装置机箱壳体连接的设置方式，因此二次屏柜内的接地铜排可不与屏体绝缘。

目前需接到屏柜内接地铜排上的设备接地有屏内装置外壳的接地、电缆屏蔽层及铠装层的接地、光缆铠装层的接地以及电流互感器与电压互感器的二次回路 N 相接地。下面依次来分析各个设备接地的需要。

屏内装置外壳的接地属于安全地，其作用是保护人身和设备的安全，理应接于不绝缘接地铜排。

电缆屏蔽层、电缆铠装层、光缆铠装层均属于金属屏蔽中的一种，都应以最低阻抗接地，这是削弱电磁耦合骚扰的需要，所以均应接入不绝缘接地铜排。

电流互感器与电压互感器的二次回路 N 相接地是为了防止一次回路的高压电压引入二次回路，以及为绕组中的共模骚扰信号提供低阻抗入地通路，同样属于保护人身和设备安全的安全地，因此也需接入不绝缘接地铜排。

综上所述，只有引出装置并与机壳绝缘的信号逻辑地才需要接绝缘接地铜排，其他设备的接地均应接不绝缘接地铜排。而目前国内尚无厂家生产的微机型装置的信号逻辑地是引出装置并与机壳绝缘的。因此根据目前的情况，屏柜内可不设与柜体绝缘的接地铜排，仅设置一根与柜体不绝缘的接地铜排，并将上述屏内设备接地均接至此不绝缘接地铜排上。

图 5-28 为《导则》给出的在日本安装的继电保护屏柜接地铜牌。

（3）二次设备的接地。

1）二次设备内部电源接地。

微机型装置内有多组不同电压的工作电源，需要一个共同的基准电位，通常将各个电压的某一极（正极或负极，通信设备是＋48V）连接在一起，即形成一个公共的基准电位点。各组电压输出都是针对该参考点而定，如＋5、＋12、－12V 等（24、110V 等只为外部开入提供电源的不在此处讨论范围内，该部分电源的接地可参照厂站低压直流电源接地方式，相当于缩小版）。接入这些电源的所有信号电流都会返回基准点，回流到各组电源，走完整个信号电流的历程。该基准点可在装置内悬空，其参考电位是浮动的；也可引出装置接地，以大地零电位作为参考电位，常称之为电源地、信号地、逻辑地，以及工作地。逻辑地即为各种逻辑门电路的公共地。

国际上电子设备的工作地设在内置的各级工作电源的公共端，并与机箱壳体连通接大地，将大地零电位作为系统公共基准电位。这种接地方式在国外电力、通信系统中广泛采用。在国内工程引进设备项目中，微电子设备的工作地（逻辑地、信号地、电源地的总称）接地方式毫无例外的采用接大地方式。而国内研发生产的电力电子设备的工作地基本上都采用浮空方式，没有将工作地引出接大地零电位，主要是担心电磁干扰破坏设备的正常工作。

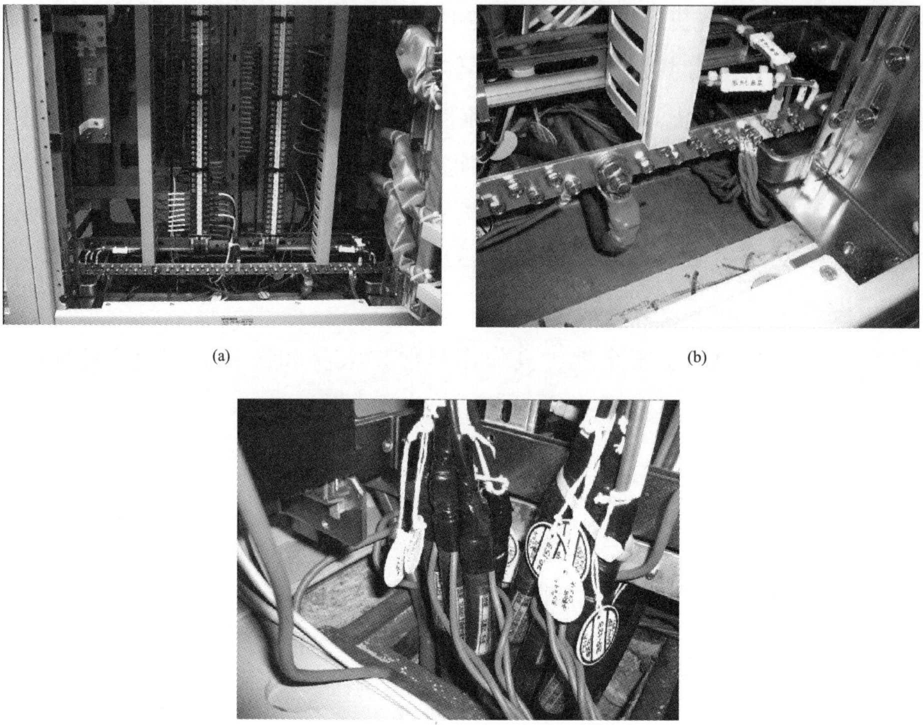
(a) (b) (c)

图 5-28 继电保护屏柜接地

(a) 从正面看的整体（继电器单元的内部）；(b) 连接到接地母线的护套接地；(c) 控制电缆金属护套接地的放大图

实际上进入装置的共模信号都是要寻找一条接地路径返回大地，这条路径必定是当地最低阻抗回路。如果装置的工作地直接接地曾现最低阻抗接地状态，进入装置的共模信号电流就会顺从的经接地点返回到大地；如果工作地悬浮不接大地，共模信号就要寻找能让它通过对地电容大的回路，所经之处会对附近电路产生耦合干扰。为降低这种干扰影响，在电路设计中设置了去耦电容器，为干扰信号提供返回通路而附加功能于外电路。

由此可见，在变电站敷设了等电位接地网的前提下，工作地接大地要比悬浮好。

根据 2014 年的调研报告，国内厂家控制保护装置逻辑地的设计现状是：除国电南自公司的控制保护装置逻辑地采用与机箱外壳相连的共地设计方式外，其他的国内厂家（四方、许继、南瑞、思源）目前均采用在机箱内部浮空的浮地设计。但南瑞继保公司已对装置的结构实施改进，将装置的信号地与机箱外壳直接搭接连通，实现装置信号地接大地，以大地的零电位作公共基准电位，即将逻辑地的设计从浮地设计改为共地设计。大部分厂家均赞同与国外接轨采用逻辑地共地设计的方式。

目前国电南自是国内实现将微机保护测控装置的逻辑地引出接大地（共地设计）的第一家，并取得了成功的运行经验。这一成功的尝试具有很好的现实意义，尤其是对现在实施的智能变电站采用了分布式系统设备更是显得重要，为分布式系统提供了以大地为参考点的公共基准零电位，为系统的稳定运行提供了必要条件。

国外二次设备工作地能接大地，在电网实际运行中安全可靠，装置质量高是一个方面，更重要的一个方式是接地技术先进，为微电子装置抗电磁骚扰提供了一个很好的保护平台。而国内随着等电位接地网的搭接及优化即建立一个三维立体的网格状等电位接地网，也将为微电子装置抗电磁骚扰提供一个足够好的保护平台。在此基础之上，推荐各控制保护厂家逐步与国际接轨，将逻辑地的设计方式由浮空设计改进为共地设计。

2）二次设备与屏柜的接地。

据调研，现在国内微机保护装置机箱外壳均为导电材料，装置在组屏安装时，在装置机箱与屏柜面板之间有涂覆物。绝大多数机箱外壳与屏柜体的连接采用螺栓安装，未对两者之间的涂覆物做处理，不能保证机箱外壳与屏柜体之间有良好的电接触，因此，机箱接地需采用接地引线连接到接地铜排上。

而思源在机箱外壳与屏柜体的连接处做特殊处理，使机箱外壳与屏柜体之间实现低阻抗连接。当柜体做好各金属构件上的电路的接通后，即成为三维屏蔽接地体，对柜体内布置的装置来说，柜体本身就是一个三维接地母线，为实施无引线或（$<$10cm）短引线接地提供了方便。装置的外部连接线是引入干扰的主要路径，接地引线同样如此。应尽量做到搭接以减少装置的外连接线。特别是当装置的工作地与机箱壳体连通后，装置机箱接地线也就是装置的信号地的接地线。假如机箱采用长接地引线接地，形成较大的接地环路面积，由此产生的磁干扰将会增大，对装置安全不利。因此，采用无接地引线接地是对装置最有利的抗干扰措施之一，实施也很简便，只要在组屏装配时，在固定螺栓上的装置机箱与屏柜面板之间穿套一只内外齿垫圈，通过螺栓的紧固压力将装置与平面板表面的涂覆物戳破，除去绝缘层的隔离，实现装置与柜体良好的电气接触，从而实现无接地引线接地，不再需要为装置接地引出一根长接地线。实践证明，采用这样无引线接地的防干扰措施的效果十分明显。这将会使得接地阻抗进一步降低，建议国内厂家跟进。

长接地引线的不良影响。屏柜壳体金属构件相互搭接导电连通，具备接地母线的功能，组屏装配的装置接地可实现与柜体搭接，从而实现无引线接地，是实现低阻抗接地的最佳方法。但目前在保护装置的装配接线中，却忽略了长接地引线产生附加的接地回路所带来的不良影响，大多数屏柜壳体未实现搭接，没有实现无引线或短引线接地，使得保护装置的运行安全可靠性降低。将机箱地与电源地分开接不同的接地铜排就有这样的问题。

电源地经长引线接地产生的影响。电源滤波器串联在需要滤波的电源进线中，接线原理非常简单，在实际运用中其对安装位置与接地方式有明确要求，必须要做到。强调安装方式重要性更明确的说法是：差模滤波性能主要由电路及参数决定，共模滤波性能主要由安装方式决定。在图 5-29 中，如在安装接线中出现任何阻抗 Z_g，滤波器的性能就要恶化，发生本可避免的电磁兼容问题。

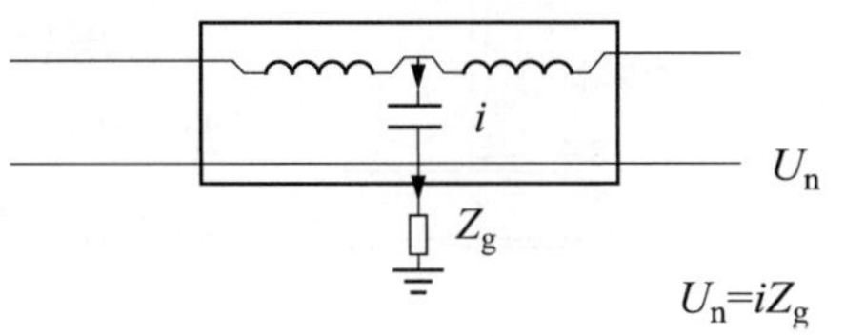

图 5-29　滤波器安装通病示意图

如果装置机箱与屏柜接触面能做到良好的电气接触，柜体安装时与基础底座及接地网良好接触，经过这一路的搭接，柜体起到了接地母线的作用，无需接地引线就能实现良好接地，如图 5-30 中，滤波器的接地阻抗 $Z_g \approx 0$，滤波器的 $U_n \approx 0$，滤波器共模电容以低阻抗接地，为共模信号提供了一条便捷的入地路径，滤波器能发挥良好的滤波效果。

要将电源地与机箱地分开接地，则电源地要经长引线接到柜底的绝缘铜排，该接地线与其他接地体之间围出了一个不小的面积，构成了一个接地回路，如图 5-31 中所示的阴影部分。接地回路中的电感与阴影面积内包围的磁通量有关，正如第四章基础知识所讲那样，$L = \Phi / I$，Z_g 的出现不可避免，电源电路中的共模干扰信号就不能顺畅入地，可能窜入电路纵深处，经不平衡电路转换成差模干扰，危及装置的安全运行。装置在运行中最容易损坏的是电源插件，可能与此有关。

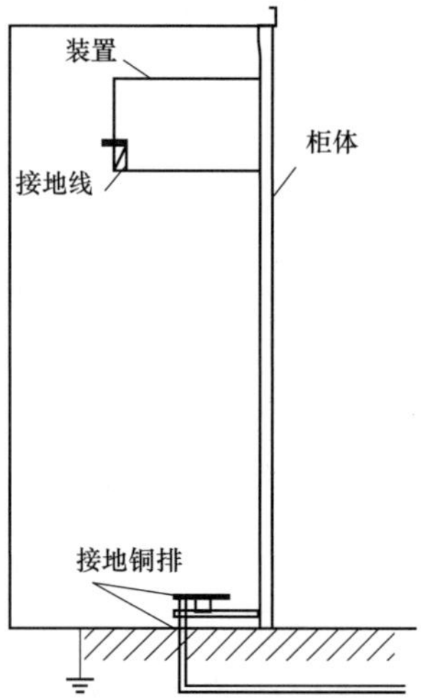

图 5-30　装置无引线接地

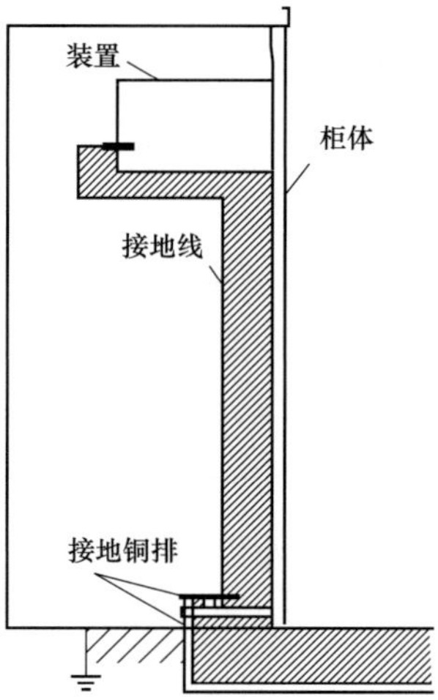

图 5-31　电源地长引线接绝缘接地铜排

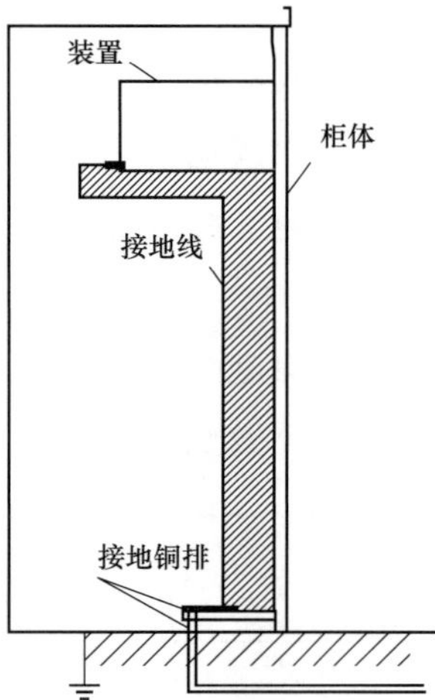

图 5-32　机箱地长引线接非绝缘接地铜排

机箱地经长引线接地产生的影响。装置机箱地经长引线接地时，接地引线与柜体及其他接地物体之间围成了一个空间；如果机箱未与柜体保持电气上的良好接触，完全靠接地引线接地，则接地引线与柜体之间形成了接地环路，构成接地回路阻抗，类似于电源地经长引线接地；不同的是机箱地接到非绝缘铜排上，接地环路面积比接到绝缘接地铜排上要小一些，如图 5-32 所示。

屏柜箱体搭接地结构。在屏体采用搭接地结构的前提下，整个柜体可以作为接地母线使用。屏柜内各装置、器件和接地端子排可实现无引线的与柜体搭接，保持接触面之间良好的导电接触效果。为了安全起见，可保留接地引线，至少不能仅靠接地线接地。

柜体本身是由金属材料构成，安装在控制室地面槽钢上，柜内底部装设有接地铜排，并接到二次接地网上。二次屏柜的柜体外壳有两种接地方式，一种是通过屏柜下方的槽钢与主接地网连接，另一种是直接与主接地网连接。大部分智能变电站二次屏柜的外壳均通过屏柜下方的槽钢与主接地网连接。控制室附近15m以内主接地网无雷电流接入点，柜体外壳的两种接地方式同时采用并无不可。相比较而言，因屏柜下方的槽钢已经与主接地网连接，而屏柜本身在安装时就需要与槽钢连接，此接地方式更为简便。

由上可见，柜体需担当得起接地母线的功能，并且要满足以下要求。

柜体上不带电的各金属部件要保持电气上的良好接触。柜体结构除主要部件是焊接之外，其他部件在与柜体装配时，要保证连接部位在电气上良好地接触。如果装配部件表面有防锈处理留下的涂覆物，应采用内外齿镀铬锯齿垫圈置于连接螺栓有涂覆物的表面，通过紧固螺栓的压力破除表面涂层，实现两面金属体在电气上的良好接触，使柜体上的每一个金属部件都能保持与二次接地网实现低阻抗搭接，能达到接地母线的要求。

屏端子排安装支架采用金属化防锈处理并设置直接接地端子。根据《导则》的另一重要原则，到接地母线的所有连接都必须尽可能短（$<$10cm）。金属柜体作为接地母线后，为尽量采用无接地引线的搭接地，减小接地阻抗，对需要接地电路（如屏蔽接地、中性线接地）的接线端子，直接采用接地端子接地。接地端子与安装支架连通，经柜体接地，当需要接地的连接线接到此端子上后，直接经由接地端子接地，而不靠接地引线接地，可避免因接地引线的电感存在而增加接地阻抗。

屏柜接地铜排安装部件做金属化防锈处理。当柜体作为接地母线后，柜体与接地铜排的连接更显得重要。为确保接地铜排与柜体良好接触，对固定接地铜排的金属构件需采用金属化处理。为可靠起见，建议再增加一根铜丝编织带（长度小于10cm）的连接，加强接地铜排与柜体底座的连接。

柜门与柜体设置接地螺栓。活动柜门与柜体的接地连接已被广泛采用，其作用已广为人知，这里不再赘述。这里仅对接地形式提出改进建议，即在设置门上和柜体两处接地点时，在位置上要尽量靠近，以缩短接地引线的长度，并采用软铜丝编织带连接，不采用单股接地线绕成螺旋形作接地连接线。

柜体内的接地铜排与二次接地网的连接。安装于屏柜底部的接地铜排是屏内各装置接地的内设接地母线排，其应与室内的二次接地网相连接，最好是构成环路的形式，有利于抗干扰。具体做法是：将铜排的两端头分别采用铜丝编织带与敷设于地面的接地铜排相连接，柜底内部的接地铜排与地面上的接地母线排在屏内底部构成一个闭合接地环路。此环路靠近进屏电缆，可将电缆携带的高频骚扰波经此环路转换反相磁通予与抵消，能有效地起到降缓干扰的作用。

组屏安装屏端子排中预留直接接地端子。在装置组屏装配中，往往会遇到在屏端子排上需要接地的回路接线，如RS485通信端口采用屏蔽双绞线连接时，屏蔽层接地宜在端子排上接地，这样可缩短屏蔽层剥离芯线的长度，减小环路面积；站控系统的服务器采用交流供电，其电源地经三孔插座引出上屏端子排，需要在屏端子排处接地等。此类接地不便在屏上实施绑接地，以减小长引线接地的影响，要在端子排上实行绑接地是一种较好的选择。对此，只要在装配屏端子排时，在端子排适当的位置装上与柜体连通地的接地端子即可。此端子直接将接入的导线与作为接地母线的柜体连通，实现无引线低阻抗绑接地。

5.2.6 屏蔽层与二次回路接地要求

1. 国内现有对二次回路相关要求摘录

（1）一般情况下，继电保护等二次设备的电缆屏蔽层、铠装层接地要求如下：①双屏蔽电缆外屏蔽层应两端接地，内屏蔽层应单端接地。单端接地时应在控制室、保护室一端接地；②单屏蔽电缆的屏蔽层应两端接地；③同轴电缆的屏蔽层应两端接地；④通信及对时回路用双绞线屏蔽电缆的屏蔽层应一点接地；当信号源浮空时，屏蔽层的接地点应在管理机侧；当信号源接地时，接地点应靠近信号源的接地点；⑤严禁使用电缆内的备用芯替代屏蔽层接地；⑥铠装电缆铠装层宜在控制室、保护室一点接地，应用截面积不小于 $4mm^2$ 的专用接地线与接地铜排连接。

（2）屏柜内所有二次电缆的屏蔽层分别用截面积不小于 $4mm^2$ 的专用接地线与接地铜排连接。

（3）由一次设备（如变压器、断路器、隔离开关和电流、电压互感器等）直接引出的二次电缆的屏蔽层应使用截面积不小于 $4mm^2$ 的专用接地线仅在就地端子箱处一点接地，在一次设备的接线箱（盒）处不接地。

（4）一次设备本体所有二次电缆宜经就地端子箱转接，对于个别未经就地端子箱转接，而直接从一次设备本体引至保护装置的二次电缆（如变压器气体保护、放电电压互感器二次回路等），二次电缆的屏蔽层应两端接地，其一次设备侧应在一次设备的接线箱（盒）处将电缆屏蔽层焊接不小于 $10mm^2$ 多股绝缘铜缆，该铜缆引至最近的二次接地网连接。

（5）高频收发信机、复用通信载波机的高频同轴电缆屏蔽层应两端接地。高频电缆屏蔽层，在结合滤波器二次端子上，通过不小于 $10mm^2$ 的多股绝缘铜缆焊接在 $100mm^2$ 的分支铜排（缆）上；在保护室内，高频电缆屏蔽层压接 $4mm^2$ 的专用接地线后，接于柜内接地铜排上；收发信机的高频电缆屏蔽层接入端子采用 $4mm^2$ 的专用接地线也接于接地铜排上。

（6）电压互感器二次回路的接地要求如下：①有电的联系的电压互感器的二次回路应在控制室一点接地，其接地线截面积不应小于 $16mm^2$；为保证接地可靠，各电压互感器的中性线不应接可能断开的开关或熔断器等；②已在控制室一点接地的电压互感器二次线圈，宜在开关场将二次线圈中性点经放电间隙或氧化锌阀片接地，其击穿电压峰值应大于 $30I_{max}$ V（I_{max}为电网接地故障时通过变电站的可能最大接地电流有效值，单位为

kA)。应定期检查放电间隙或氧化锌阀片，防止电压二次回路多点接地；③独立的、与其他互感器没有电的联系的电压互感器的二次回路宜在其就地端子箱一点接地，其接地线截面积不应小于 $4mm^2$；④电压互感器的二次回路的接地线应接至柜内接地铜排。

(7) 电流互感器二次回路的接地要求如下：①有电的联系的电流互感器的二次回路应在相关保护柜内一点接地；由几组电流互感器二次绕组组成的和电流回路，应在和电流处一点接地；②独立的、与其他互感器没有电的联系的电流互感器的二次回路宜在其就地端子箱一点接地；③电流互感器的备用二次绕组，应在开关场短接并一点接地；④电流互感器的二次回路的接地线应接至柜内接地铜排，接地线截面积不应小于 $4mm^2$。

(8) 应沿保护专用光电转换设备至光通信设备之间的2M电缆敷设截面积不小于 $100mm^2$ 铜电缆，铜电缆两端分别接至光电转换接口柜和光通信设备（数字配线架）的接地铜排，与2M电缆的屏蔽层可靠相连，为保证光电转换设备和光通信设备（数字配线架）的接地电位的一致性，光电转换接口柜和光通信设备应同点与通信设备的接地网连接；保护专用光电转换设备应尽量靠近光通信设备。

(9) RS485通信及对时回路应采用总线型连接方式，其信号地不应接地。RS485通信及对时回路的接线如图5-33所示。

(10) 柜内二次回路用浪涌保护器（SPD）的接地，可接至柜内接地铜排。

(11) 所有隔离变压器（电压、电流、直流逆变电源、导引线保护等）的一、二次线圈间必须有良好的屏蔽层，屏蔽层应在柜内就近可靠接地。

2. 国内、外对二次回路的屏蔽层等附件接地相关差异分析及建议

(1) 电缆屏蔽层的接地。

据调研，国内电力系统内电缆屏蔽层的接地存在一点接地和两点接地两种方式。在一次设备本体端子箱和就地端子箱的电缆屏蔽层更是明确要求单点接地。通信及对时回路用双绞线屏蔽电缆的屏蔽层应一点接地。

但《导则》里明确规定“除去在变电站不常用的低电平传感器（低电平、低频模拟量信号如温度测量、振动探头），所有屏蔽都必须在两端接地。”

在某些情况下，特别是低频传导干扰为主，且只在特定的地方装设二次设备，屏蔽层在二次设备处单端接地可能会使得干扰更低。但随着数字化技术的发展，高频干扰占比越来越高，双端接地将可更有效防止电磁兼容问题的发生。因此变电站里常规的二次控制电缆、通信电缆均可参照《导则》要求按两点接地考虑。

同时对双层屏蔽电缆的接地也存在理解差异：国内普遍要求双屏蔽电缆外屏蔽层应两端接地，内屏蔽层应单端接地。单端接地时应在控制室、保护室一端接地。而根据GB/Z 30556.2—2017《电磁兼容　安装和减缓导则　接地和布线》的要求：内屏蔽层可单端接地，也可双端接地。

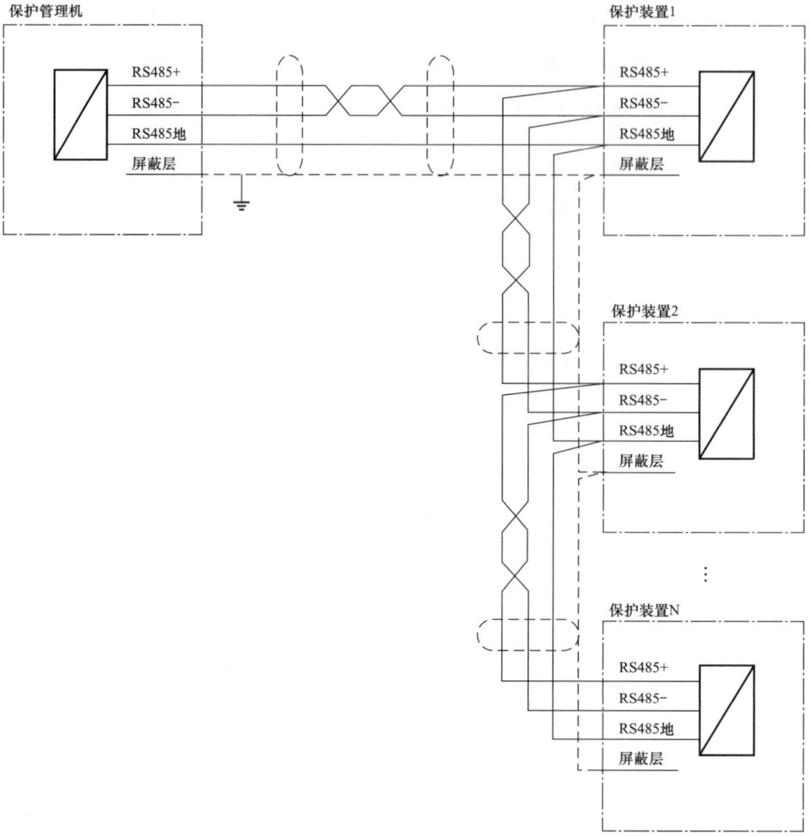

图 5-33　RS485 通信及对时回路的接线图

（2）电缆铠装层的接地。

对电缆铠装层的接地，T/CEC 245—2019《变电站继电保护接地技术规范》要求铠装电缆铠装层宜在控制室、保护室一点接地，应用截面积不小于 $4mm^2$ 的专用接地线与接地铜排连接。

而 GB/Z 30556.2—2017《电磁兼容　安装和减缓导则　接地和布线》说明如下："在电缆四周由钢丝组成的屏蔽层主要设计用作机械保护而不是出于 EMC 目的。这种屏蔽层的转移阻抗很少为人所知，当与单接地导线的转移阻抗相比，肯定是低的。即使屏蔽层是稀疏编织的，也建议像上述描述的那样用密封压盖的方式连接这种屏蔽层。"由此可见国标是建议电缆铠装层也像电缆屏蔽层一样两端接地，而不是单端接地。

对于有铠装的屏蔽电缆，铠装层的接地最好是在进入屏柜之前，在靠近屏柜入口的外面焊接或压接接地引线，并将接地引线接到箱体外壳的接地螺栓上或附近二次接地网的接地铜排上。

（3）光缆铠装层的接地。

智能变电站敷设的光缆本身不存在抗电磁骚扰问题，但若采用光缆的金属铠装两端接地，则金属铠装层有可能会流过地电流，一方面会将作为骚扰源的地电流引入继电器小室或计算机室，另一方面因骚扰电流而引起的温升会对光纤寿命造成影响。因此通信专业在变电站内采用的光缆均要求采用非金属铠装光缆。虽然断电保护专业未有相关要求，但从简化二次接地设计和提高安全可靠性的角度考虑，采用无铠装光缆更为简便安全。若站内存在金属铠装光缆，为避免地电流流经铠装层对光缆带来伤害，铠装层不宜两端接地；为防止电场耦合产生高电压有安全隐患，铠装层可采用在电磁环境恶劣的开关场一点接地。接地点可选在柜体接地点上。

（4）预制电缆的接地。

当一些主设备中包含有二次线引出回路是处在恶劣的电磁环境中，如GIS组合电器的二次回路接线端子盒等，采用常规屏蔽电缆无法满足屏蔽层360°无缝屏蔽接地的要求。因此，一般采用航空插头（座）和预置电缆来实现对屏蔽层和芯线的360°无缝屏蔽接地保护。因此，两端的航空插座或电缆连接器座必须安装固定到有良好接地的金属板上，并使插座金属接地件与安装金属板保持电气上良好的接触。另外，沿预置电缆敷设作为平行接地导体的接地铜排或金属穿管，并将接地铜排两端与两端设备的接地连接在一起。两端设备还应有另一个接地支路接二次接地网，以此构成接地环路，有利于进一步减低接地阻抗，提升抗干扰效能。

预制电缆采用双屏蔽电缆，内屏蔽层接地采用在电连接器上设置单独的PE接线端来实现，该PE接线端应能实现与电连接器金属外壳电气绝缘，并连接到端子箱接地铜排上；外屏蔽层与电缆连接器金属外壳可靠连接，通过电缆连接器与接地金属安装板的沿周紧密接触连接，实现对屏蔽层芯线的360°无缝屏蔽接地保护。

预制电缆铠装层接地可采用铠装层与两侧设备箱体的金属外壳可靠电气连接来实现。预制电缆制作缆端时应保证铠装层接地与屏蔽层接地相互独立。

（5）电缆备用芯的接地。

国内反措要求“严禁使用电缆内的备用芯替代屏蔽层接地”。部分地方反措修改为“不允许用电缆芯两端同时接地的方法作为抗干扰措施。”其解释为：由于开关场和控制室各处的地电位不等，两端接地的备用电缆芯会流过部分接地网中的电流，会在工作电缆芯中感应出干扰电动势，从而干扰保护装置。因此绝大多数的运维现场都采用备用芯不解地的措施，甚至有些单位专门研制塑料套将备用电缆芯套住，防止接地。

而《导则》要求将电缆的屏蔽层和备用芯线均两端接地。外部干扰源的干扰磁通在电缆屏蔽层、电缆备用芯两端感应出电动势，如果两端接地，形成的环流均可形成反向电磁场，在理想的情况下，屏蔽层电阻和地电位差都为零，这种反向磁通可将干扰磁通全部抵消。所以应采用屏蔽电缆，屏蔽层应在两端接地。但不能仅将备用芯两端接地，而电缆屏蔽层不接地，备用芯两端接地效果差于电缆屏蔽层两端接地，仅能作为补充措施。而且这个仅作为电缆屏蔽层的补充，可以仅在新工程开展，对现有的设备，如果无异常情况，可以选择不整改。

（6）通信端口的信号地及屏蔽层接地。

通信端口的接地要求，其实最简单的可以参照网线的接地。网线可分为带屏蔽的网线和不带屏蔽的网线两种，其中屏蔽网线又可分为单层屏蔽网线、双层屏蔽网线两种。单屏蔽网线屏蔽结构为一层铝箔屏蔽层；双屏蔽网线屏蔽结构为铝箔屏蔽层＋金属编织网。从屏蔽功能上来说，双屏蔽网线性能更强。屏蔽网线的屏蔽结构具有抵御线缆内部串扰的先天优势，能减少外部大功率设备辐射干扰，防止线材本身具有的电磁辐射外泄，杜绝了捆扎布线线缆工作时释放的信号互相影响。虽然屏蔽网线性能强，有强屏蔽作用，传输速率加倍稳定，但对布线的要求也极为苛刻。屏蔽网络系统的布线要求，除了必须采用屏蔽类型的优质网线外，与之构成屏蔽网络系统的组件，如水晶头、路由器、交换器等都需带有屏蔽功能，如有一个组件未带有屏蔽功能，整个网络屏蔽系统就会失效，其他带有屏蔽系统的组件及线缆，则会成为整条局域网络中最大的信号干扰源。全套系统设备带有屏蔽功能和线缆接地是屏蔽网线布线的基本要求，其中线缆接地对屏蔽网线的网络布线极为重要。屏蔽网线接地首先需要布线的建筑结构拥有良好的低线布线条件。

但根据调研，各厂家的装置通信模块 I/O 端口（RS485）却存在不同的接地要求。都引出了供通信线缆屏蔽层接地的端子。南瑞和思源提出了将通信双绞线屏蔽层用于通信电路的工作地接地引线，并实行屏蔽层电缆一点接地的要求，其他厂家则没提此接地要求。

装置的通信端口（如 RS485 等）信号地通过电缆屏蔽层连接起来，采用单点接地。这种接法首先是存在共阻抗耦合干扰问题，因为屏蔽层是为干扰信号提供的返回大地的路径，假如又把它作为信号电流的返回线，会使其抗电磁骚扰能力降低。在实际工程设计施工图设计中，往往并没有将信号地与屏蔽层连接在一起，有的屏蔽层没有接地。即使这样，在运行维护实践中发现，如果装置安装处存在较恶劣的电磁环境，每当高压电器操作时，装置的通信面板会出现乱码或黑屏现象。遇此现象时只有重新启动，装置的乱码或黑屏现象可消失，恢复正常工作状态。下一次高压电器操作，又会再次出现同样的问题，这样的“软故障”往往采用更换电路板插件解决不了根本问题。由电磁骚扰产生的故障，只能采用相应的抗电磁骚扰措施解决。

遇到这种情况时，将通信电缆线的屏蔽层两端端口接装置机壳地，乱码或黑屏现象不再发生。之所以有这种良好效果，道理很简单，一是电缆线屏蔽层两端接地，抗骚扰效果加强；二是通信模块的参考地就近接机壳，缩短了接地线长度，减小了接地环路面积，也是有利于抗骚扰。这样做正好符合《导则》提出“将工作地、信号地、机壳地全部连在一起接地”的要求。

1）室内二次设备通信端口连接电缆的屏蔽层接地。变电站自动化系统站控层网络通常采用以太网，接入站控层网络的设备有站控层设备和间隔层设备，并实现站控层与间隔层之间及站控层和间隔层内部不同设备之间的信息交换。在实际中，在间隔层设备会出现一些小装置对外联络信息量很少，对速率要求低，往往采用简单的 RS485 数据总线接口，双绞线作为传输介质，由通信管理机实现与以太网的通信连接。由于此电缆为室内布线，屏蔽层感受并传导的电磁骚扰能量相对较弱，再则芯线为弱信号，易受外界骚扰，因此，屏蔽层应连同芯线一起接到屏端子排相邻近的接地端子上，使屏蔽层离开芯线的长度尽可能的短。

接地端子排上的接地端子要与柜体实现搭接地，从而使得屏蔽层实现无接地引线的低阻抗接地，能获得更好地屏蔽接地效能。

RS485 端口有 3 根出线：A、B 信号线、G 信号地线。上屏端子排时，还要有一个用于外引连接线缆屏蔽层的接地线。信号（电源）地可在机箱内与机壳接地搭接连通接地。进柜双绞线屏蔽地接地端子应采用接地端子，与作为接地母线的柜体搭接，实现无引线接地。

2）室外安装设备通信端口连接电缆的屏蔽层接地。变电站自动化系统站在开关场高压设备旁会布置一些小状态监测装置，如避雷器在线检测 IED 装置等，其对外有少量的信息传送，且联络信息量很少，实时性要求不高，速率低，往往采用简单的 RS485 数据总线接口，双绞线作为传输介质，由通信管理机实现与以太网的通信连接。由于此电缆为室外布线，屏蔽层感受并传导的电磁骚扰能量相对较强，再则芯线为弱信号，易受外界骚扰。因此，电缆必须穿金属套管，套管表面必须是连续导电，螺旋软管不可取，不间断的波纹管可用；电缆套管两端分别与两侧的机箱外壳或电缆沟内接地铜排相连，注意不要使电缆暴露在外空间；电缆屏蔽层应连同芯线一起接到屏端子排相邻近的直接接地端子上，使屏蔽层离开芯线的长度尽可能的短。

其他电路接地与室内接线相同。

3. 电流、电压回路的接地相关差异分析及建议

电压互感器、电流互感器二次回路的中性线（点）的接地，乃属于安全接地。其作用是防止一、二次绕组间绝缘被击穿，对二次回路造成更严重的伤害；也是为共模骚扰波提供一条入地通路，降缓其对接入设备产生电磁骚扰。二次回路接地需遵循一点接地的原则，即一个回路中只允许出现一个接地点。

（1）电流回路的接地。

对于 TV 二次回路的接地 DL/T 5136—2012 中第 5.4.9 条“电流互感器的二次回路应有且只能有一个接地点，宜在配电装置处经端子排接地。由几组电流互感器绕组组合且有电路直接联系的回路，电流互感器二次回路应和电流处一点接地”。《国家电网有限公司十八项电网重大反事故措施》中 15.7.5.2 规定“公用电流互感器二次绕组二次回路只允许、且必须在相关保护屏柜内一点接地。独立的、与其他电压互感器和电流互感器的二次回路没有电气联系的二次回路应在开关场一点接地”。对比 DL/T 5136—2012 和《十八项反措》的要求可知，独立的 TV 回路要求在开关场一点接地，有和电流的 TV 回路要求在和电流处接地，并且《国家电网有限公司十八项电网重大反事故措施》要求和电流在相关保护屏柜内。

一个二次回路中无论接入了多少个设备，只要是仅接有一个互感器二次绕组，并与其他互感器二次绕组没有电路联系，那么就称为独立的二次绕组回路，该回路应在开关场互感器设备安装处就近接地，以便将共模骚扰波尽快就近入地，避免将其传导进控制室，对二次设备产生伤害。

而《导则》对于和电流的接地点要求与《国家电网有限公司十八项电网重大反事故措施》有所不同，《导则》的要求是为了安全，电压互感器和电流互感器的二次回路必须在高压设备处接地。对于有两组或以上的互感器二次绕组有电路连接的公用互感器，也要采用隔离变压器将各二次绕组电路隔离开后，实现开关场接地。相比较而言导则的要求更为严格。国内近几年也已经在逐步取消和电流的接线方式，微机保护采用两套电流采样模块，利用软件计算和电流。这种方式已在变压器保护得到大规模应用，在 2/3 接线的线路保护等也已经在逐步推广。目前电压回路也逐步在取消 N600 接线方式，每个间隔的电压互感器都只接入该间隔的电压采样模块，切换单元采用微机保护逻辑切换，而不是原利用继电器切换二次回路的方式进行。这无论是对电磁兼容问题还是对二次回路运维的要求都将会得到极大的改善。

目前原则上智能变电站二次设备采集的电流信息均应是数字量信息，其中保护装置因直采直跳的原则直接从合并单元采集数字量信息，测控、录波、PMU 均从 SV 网上采集数字量信息。比较特殊的是电能计量回路和故障测距回路。因目前智能变电站内关口点仍采用常规关口点电能表，其电流、电压量的采集仍与常规变电站一样，直接从电流、电压互感器通过电缆采集模拟量信息。故障测距回路则是因为目前合并单元的采样频率不满足故障测距装置的技术要求，所以故障测距仍通过电缆采用串联方式从合并单元采集模拟量信息。因此除电能计量回路和故障测距回路仍存在有电气联系的和电流回路需在和电流处接地外，其他独立的电流互感器二次回路均在智能控制柜的合并单元处一点接地。针对电能计量回路和故障测距回路，可以要求厂家在模拟量通道采样电路板上增加小型 TA、TV 信号变压器，则相关的 TV 二次回路可视为独立的 TV 二次回路，即可在开关场地接地。又或者可以在开关场地实现和电流的接线，则同样可以在开关场地和电流处接地。如果一组电流互感器二次回路串联多套装置不改变独立 TV 的性质，应在开关场接地。

（2）电压回路的接地。

根据《调研报告》，大部分智能站在电压回路的接地上均按照 DL/T 5136—2012 火力发电厂、变电站二次接线设计技术规程和《国家电网有限公司十八项电网重大反事故措施》执行，个别智能站采用将全站不同电压等级的 TA 二次回路 N 相在控制室一点接地的做法。对于 TA 二次回路的接地 DL/T 5136—2012 火力发电厂、变电站二次接线设计技术规程的 5.4.18 中规定“机组电压互感器二次绕组之间有电路联系或者地电流会产生零序电压使保护误动作时，接地点应集中在继电器室内一点接地。无电路联系时，可分别在不同的继电器室或配电装置内接地”。《国家电网有限公司十八项电网重大反事故措施》中 15.7.5.1 规定“公用电压互感器的二次回路只允许在控制室内有一点接地，为保证接地可靠，各电压互感器的中性线不得接有可能断开的开关或熔断器等。已在控制室一点接地的电压互感器二次线圈，宜在开关场将二次线圈中性点经放电间隙或氧化锌阀片接地”。而《导则》对于电压回路的接地与电流回路并无不同，均要求在高压设备处接地。且国内的电压 N600 回路由于两点接地，避雷器在运行过程中烧毁等原因导致保护误动的问题频发。建议参照导则的要求对电压二次回路进行改造，取消全站的 N600，并按照导则要求在高压设备处接地。

4. 国内、外对二次回路布线相关差异分析及建议

（1）来自开关场的电压互感器二次回路的 4 根引入线和开口三角绕组的 2 根引入线均应使用各自独立的电缆，不得公用。

【涵义】过去传统接线，是将二次绕组的中性线与三次绕组的 N 线合用一芯电缆并接地。这种接线方式假设线路近端出口发生单相短路接地时，二次绕组故障相本应为零伏，但实际由于 $3U_0$ 电压较大，在三次绕组内将流过很大电流，在 N 线上产生电压降，所以二次绕组的故障相就不为零伏，不能反映真实的故障电压。只有将电压互感器二次绕组的中性线电缆线与三次绕组的 N 线分开，并把二次绕组的 4 根线与三次绕组 2 根线使用各自独立的电缆，三次绕组的接线才不会影响到二次绕组的电压回路。

（2）用于集成电路型、微机型保护的电流、电压和信号接点引入线，应采用屏蔽电缆，屏蔽层在开关场与控制室同时接地；各相电流线、各相电压线及其中性线应分别置于同一电缆内。

【涵义】外部干扰源的干扰磁通在屏蔽层中感应出电动势，产生屏蔽层电流，屏蔽层电流所产生的磁通包围着屏蔽层和电缆芯，这些磁通和干扰磁通方向相反。在理想的情况下，屏蔽层电阻和地电位差都为零，这种反向磁通可将干扰磁通全部抵消。所以应采用屏蔽电缆，屏蔽层应在两端接地。

特别强调中性线也应置于同一电缆内，因为若中性线中因干扰出现零序分量，很可能使保护感受的各相电气量均产生偏移，从而引起保护不正确动作。

（3）动力线、电热线等强电线路不得与二次弱电回路共用电缆。交流、直流等电缆不能共用一根电缆。

【涵义】共用电缆的缺点有两个：一是当动力负载三相不对称，产生不对称的零序磁通的时候，将在弱电回路感应出干扰电动势，影响弱电回路设备的正常工作，甚至会造成损坏。二是如果动力负载回路发生故障，严重时可能发生火灾，将二次弱电回路烧损造成事故。

《导则》还要求如下“减小电气（电子）电路中环路的面积。如果可能，对连接到同一设备的电路使用相同的路径。电路的信号导体和接地回路始终使用相同的电缆（译者注：这里是泛指，如电流电压的 A/B/C/N、电源的正负、遥信信号的公共端电缆和信号端电缆、通信线缆等电缆芯均应分别在同一根电缆内）。除了一些高频同轴连接链路或建立在良好等电位接地平面上的小面积环路之外，需要避免在信号电路中多点接地。”

为了更清晰的说明这个问题，GB/Z 30556.2—2017《电磁兼容　安装和减缓导则　接地和布线》说明在安装照明灯具的电路有如下三种布线方式，即使 a、b、c 三种布线方式耗费线缆更多，但为了电磁兼容考虑，还是不宜采取 d 种布线方式。安装照明灯具电路的布线方式如图 5-34 所示。

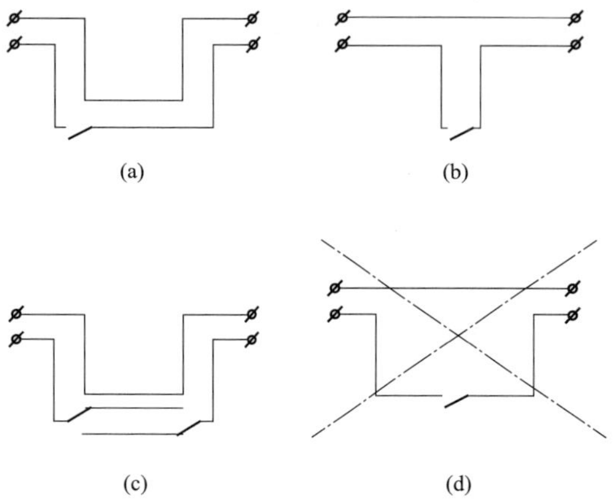

图 5-34　安装照明灯具电路的布线方式
（a）布线方式 a；（b）布线方式 b；
（c）布线方式 c；（d）布线方式 d

由此可见，为了降低干扰，同一回路的所有电缆芯都应在同一根电缆内，如电流电压互感器的 A/B/C/N，或者 A/N，又或者信号回路的公共端电缆和返回端电压。现厂站的二次回路绝大多数都能满足上述要求，但部分老旧的厂站的二次回路需要敷设电缆比较长，现场施工或者设计时，为了降低电缆的使用量，采取了便利的接线方式，可能无法满足上述要求。

1）某些集中式监控系统，由于遥控回路、同期回路、闭锁回路电缆较长，往往不能满足上诉要求。现采取了微机保护控制之后，二次回路得到大幅简化，电缆长度得到大幅缩减，因此现有的微机保护的控制回路一般不存在该问题。

2）双母线等一次设备的控制闭锁回路。由于闭锁回路牵涉到母线上的所有隔离开关、接地开关、断路器等节点信号，因此部分设计院采用了中性线 C 串联多个隔离开关、接地开关等信号，闭锁回路和控制回路电缆往往不能在同一根电缆内。为了简化此类二次回路的接线，现有的规范要求间隔外的闭锁回路无需再利用二次回路实现闭锁，采取测控装置内部的逻辑闭锁实现，简化接线后，此类问题也可以得到解决。

3）自耦变压器冷却器全停闭锁回路。由于冷却器闭锁回路牵涉到高、中、低压三侧的断路器位置节点，因此现场为了减小二次电缆的敷设，部分厂站的二次回路也可能无法满足上述要求。不过现有的主变压器冷却器控制也逐步采用 PLC 控制，该类问题也得到解决。

因此建议将该要求纳入规范，避免后续再次出现此类问题。

5.2.7　小结

国内与国外的二次接地方式从理念到具体实施措施均存在较大的不同，近乎两种不同的模式。国际上采用了对抗高频干扰有利的多点接地和缩短接地引线，获取降低接低阻抗的效果；国内处在多点接地和单点接地的混杂状态。本章节提出的智能变电站二次接地方案是基于国外模式提出的比较全面理想的方案，不受限于目前工程的实际采用范围及应用程度。表 5-2 将两种不同模式的特点予以更清晰的呈现，以便于对比总结。

表 5-2　　**国内外二次接地模式差异分析**

	国外二次接地模式	国内二次接地模式
理论依据	《导则》	《国家电网有限公司十八项电网重大反事故措施》、DL/T 5136—2012
外部条件	二次设备工作地均采用共地模式，对接地要求较高	二次设备工作地大部分采用浮地模式，对接地要求不高
二次接地的原则	主要为避免高频干扰	主要为避免工频干扰
二次接地网的类型	代表多点接地三维立体网状网络	代表一点接地的星形网络
二次接地网的搭建	一个接入所有金属结构部件的融合一次主接地网和二次接地网的综合接地平面	以电缆沟内的二次接地网铜排（平行接地导体）为主，只接入二次设备
室内二次接地网	墙壁四周靠近地面安装环形接地母线；并通过不少于 4 点的多点与室外接地网、建筑物构架连接。屏柜下方敷设接地母线，并和环形接地母线两端相连；屏柜外壳与地面接地铜排实现搭接，构成三维接地网络，成为全站二次接地网的一部分	缺乏环形接地母线或者环形接地母线未采用铜缆；室内二次接地网一点处通过 4 根接地铜排与主接地网连接。屏柜内有一根或者两根接地铜排
室外二次接地网	一次设备外壳、金属构架、设备支架等均接入二次接地网以构成三维立体网状网络，增加接地环路的个数，减少接地环路的面积。整个二次接地网连续不中断	就地端子箱与设备支架、外壳上的接线盒无二次接地网，或者说此处二次接地网和电缆沟处二次接地网没有连续连接
二次屏柜及室外二次设备内接地铜排的设置	仅设置 1 根与柜体或箱体不绝缘的接地铜排，屏柜内所有的接地均可接至铜排上	标准工艺 0102060205 要求屏柜内设置不绝缘的接地母排和绝缘的等电位接地铜排。电缆屏蔽层接等电位接地铜排，电缆铠装层接接地母排
二次屏柜内装置工作地的接地	共地设计：与装置机箱连通接大地，以大地零电位作为系统公共基准电位	浮地设计：在装置内部浮空，并不引出机箱
二次屏柜内装置电源地的接地	公共基准电位引出线，与工作地是一个概念，通过与机箱外壳的连接实现接地	实际为电源插件滤波电路的接地，属于保护地（安全地），在装置内部已经与机箱外壳相连，又通过接地引线接至不绝缘的接地铜排上
二次屏柜内通信端口的信号地	通信回路的公共基准电位，工作地是一个概念，通过与机箱外壳的连接实现接地	与通信电缆屏蔽层连接起来，单点接地
二次屏柜内装置外壳的接地	与屏柜柜体金属结构搭接实现无引线接地，若采用接地引线则引线长度不超过 10cm	通过接地引线与屏柜内不绝缘的接地铜排连接，接地引线长度通远长超过 10cm
电缆屏蔽层的接地	所有除极少数电缆外，电缆屏蔽层均采用两点接地方式，接至不绝缘接地铜排上	一次设备接线盒处电缆屏蔽层不接地
电缆铠装层的接地	两点接地方式，接地点最好在屏柜外部	一点或两点接地方式均存在，一般接至屏柜内不绝缘的接地铜排上
光缆铠装层的接地	在电磁环境恶劣的开关场一点接地	一点接地或两点接地方式均存在

续表

	国外二次接地模式	国内二次接地模式
电流回路的接地	在开关场实现和电流的接线，则独立或非独立的电流回路均可实现在开关场一点接地	独立的电流回路在开关场一点接地。和电流回路在和电流处一点接地，和电流在小室屏柜内实现
电压回路的接地	所有电压回路均可视为独立的回路，可在合并单元处一点接地	所有电压回路均可视为独立的回路，可在合并单元处一点接地

参 考 文 献

［1］ 中国南方电网超高压输电公司．换流站主设备状态监测与配置［M］．北京：中国电力出版社，2016．

［2］ 蒲天骄，乔骥，韩笑，等．人工智能技术在电力设备运维检修中的研究及应用［J］．高电压技术，2020，46（02）：369-383．

［3］ 王刘旺，周自强，林龙，等．人工智能在变电站运维管理中的应用综述［J］．高电压技术，2020，46（01）：1-13．

［4］ 彭红霞，文艳，王磊，等．基于两层知识架构的电力设备差异化运维技术［J］．高压电器，2019，55（07）：221-226．

［5］ 白浩，周长城，袁智勇，等．基于数字孪生的数字电网展望和思考［J］．南方电网技术，2020，14（08）：18-24＋40．

［6］ 华平．电力系统继电保护及自动化设备电磁兼容标准的发展动向［J］．科技视界，2014（15）：112．

［7］ 李雍．特高压变电站雷电波侵入暂态响应特性分析及防护措施研究［D］．西华大学，2017．

［8］ 张露，王永勤，贺家慧，等．特高压变电站工频电磁场对避雷器在线监测装置测量准确度影响研究［J］．电力系统保护与控制，2018，46（03）：164-169．

［9］ 李云伟．变电站开关瞬态场及其对二次电缆的耦合机理研究［D］．华北电力大学（北京），2008．

［10］ 刘进，陈永光，谭志良，李名杰．静电放电电磁场的特性及分布规律［J］．高电压技术，2012，38（02）：435-443．

［11］ 陈希艳，杨兴超，张占营，等．电磁兼容试验和测量浪涌（冲击）抗扰度试验标准的差异分析［J］．集成电路应用，2020，37（04）：35-37．

［12］ 胡德隆，刘桂秋，潘勇，等．电磁兼容浪涌（冲击）抗扰度试验新旧标准比对分析［J］．质量与市场，2020（08）：16-18．

［13］ 方霓．电磁兼容性标准试验与产品认证［J］．广东技术师范学院学报，2012，33（06）：24-26＋30．

［14］ 奥瑞利．电气工程接地技术［M］．北京：电子工业出版社，2004．

［15］ 邢建浩，任启金，孟庆江，等．110kV 变电站的防雷接地设计探讨［J］．科技创新与应用，2015，（35）：209．

［16］ 胡庆来，李汉峰．IEEE 接地设计标准与我国接地设计标准的异同分析［J］．电力建设，2013，34（02）：100-104．

［17］ 何金良，曾嵘．电力系统接地技术［M］．北京：科学出版社，2007．

［18］ 张景嵩．基于 CDEGS 仿真计算的变电站接地系统设计及应用研究［D］．山东大学，2015．

［19］ 李云阁．ATP-EMTP 及其在电力系统中的应用［M］．北京：中国电力出版社，2019．

［20］ 吴文辉．电力系统电磁暂态计算与 EMTP 应用［M］．北京：中国水利水电出版社，2017．

［21］ 李晶，陈缨，等．发电厂和变电（换流）站直流电源系统可靠性［M］．北京：中国电力出版社，2018．

［22］ 全国输配电技术协作网直流电源系统专业技术委员会．直流电源系统典型案例分析［M］．北京：

中国电力出版社，2017.
[23] 李谦. 发电厂和变电站接地网安全状态评估［M］. 北京：中国电力出版社，2013.
[24] 饶宏. 换流站电磁兼容技术及工程应用［M］. 北京：中国电力出版社，2019.
[25] 赵建文，付周兴. 电力系统微机保护［M］. 北京：机械工业出版社，2019.
[26] 张翠霞，李汝彪，葛栋，等. 浙江省 110 和 220kV 敞开式变电站雷害事故分析［J］. 电网技术，2011，35（02）：159-162.
[27] 杨珊，卓琛，林魁，等. 一起雷击引起 110kV 变电站全停事故的分析［J］. 电气技术，2017（04）：153-155.
[28] 毛为民. 隔离开关操作引起失灵保护误动的分析［J］. 电力系统自动化，2002（07）：74-76.
[29] 王如东. 一起因绝缘击穿造成 10kV 高压电机跳闸的分析及处理［J］. 电工技术，2021（11）：206-207，211.
[30] 杨文勇，张云，王曦，等. 一次雷击灾害的电磁场分析［J］. 广西气象，2006（S2）：90-91.
[31] 盖生，高永强，赫胜男，等. 66kV 进户线落雷致灾的成因与启示［J］. 电气应用，2013，32（15）：37-39.
[32] 阙维林，李洪凯，方琳. 风力发电机组雷击故障案例分析［A］. 中国农业机械工业协会风力机械分会. 第七届中国风电后市场交流合作大会论文集［C］. 中国农业机械工业协会风力机械分会：中国农业机械工业协会风力机械分会，2020：3.
[33] 丁登伟，韩先才，王宁华，等. 特高压 GIL 绝缘击穿时暂态电压时频特征分析［J］. 电网技术，2020，44（06）：2393-2400.
[34] 巩学海，何金良. 变电站工频短路时的电磁环境分析［J］. 高电压技术，2009，35（04）：855-860.
[35] 周庆红，张鹏飞，张燕珂，等. 220kV 电容式电压互感器二次电压单相异常试验分析［J］. 变压器，2019，56（04）：74-77.
[36] 陈坤汉，张伟平，黎润洪. 110kV 电容式电压互感器油箱发热缺陷分析［J］. 高压电器，2015，51（02）：152-156.
[37] 王昭斐，刘洋，马逊，等. 一起 500kV 变电站 66kV 母线铁磁谐振故障分析［J］. 农村电气化，2021（09）：26-27.